建筑文化与思想文库

边缘空间——当代建筑学与哲学话语

汪 原 著

中国建筑工业出版社

图书在版编目(CIP)数据

边缘空间——当代建筑学与哲学话语/汪原著. —北京：
中国建筑工业出版社，2009
（建筑文化与思想文库）
ISBN 978-7-112-11594-5

Ⅰ. 边… Ⅱ. 汪… Ⅲ. 建筑哲学 Ⅳ. TU-021

中国版本图书馆 CIP 数据核字（2009）第 209775 号

责任编辑：唐　旭　黄居正
责任设计：赵明霞
责任校对：袁艳玲　兰曼利

建筑文化与思想文库

边缘空间——当代建筑学与哲学话语

汪　原　著

＊

中国建筑工业出版社出版、发行(北京西郊百万庄)
各地新华书店、建筑书店经销
北 京 天 成 排 版 公 司 制 版
北京云浩印刷有限责任公司印刷

＊

开本：787×1092毫米　1/16　印张：8¼　字数：205千字
2010年2月第一版　　2010年2月第一次印刷
定价：**28.00**元
ISBN 978-7-112-11594-5
　　　　(18848)

前　　言

　　对哲学的兴趣始于自己初学建筑之时，记得当年老师总是重复的一句话：一个优秀的建筑师必须有自己的建筑哲学，现在回想起来已经是20多年前的事了。在随后的时间里，虽然也半生不熟地读了一些与哲学相关的著作，但始终如坠云雾，不得要领。真正开始有目的而仔细地研读某一位哲学家的著作，则是在东南大学攻读博士期间。一次偶然的阅读，即被法国哲学家亨利·列斐伏尔思想所吸引，列斐伏尔的空间思想与研究城市的方法也成为自己博士论文主要借鉴的理论。当时为了完成论文，对这位哲学家著作的阅读，只能算是囫囵吞枣，遗留的问题和困惑实在太多，心中便生起了一种形而上的冲动——有了去读哲学的念头。但当自己有幸被著名哲学家邓晓芒先生收为弟子，进入武汉大学哲学系真正系统地学习西方哲学的时候，方知一时的冲动所带来的是莫大的"苦楚"。

　　在这段学习期间，由于还要兼顾原单位的教学工作，于是我奔走在武汉大学和华中科技大学两校之间，奔走在艰辛的读书和繁忙的工作之间，奔走在哲学和建筑学之间，奔走在亨利·列斐伏尔和其他西方哲学家之间。中途时有不堪重负之感，还曾经有过放弃的念头，但是，邓晓芒先生的教诲、鼓舞以及人格的魅力，使我有了坚持的勇气和动力。

　　通过两年多的学习，感觉自己在思想上疏朗明晰了许多，也渐渐觉得一只脚似乎跨入了哲学的门槛。游走于建筑学与哲学之间，自己也始终在寻找两个学科不同层面的对话，甚至试图模糊两个学科之间的界线。但由于建筑专业的背景以及研读哲学的时间尚短，至今感觉始终处在哲学的边缘，未能真正登堂入室而窥其堂奥。因此，收入文集中的文字大多是在这种边缘状态中对空间、建筑和城市诸多问题的思考。其中许多文字已发表于各类期刊，此次为了便于结集出版，将文章重新进行了归类，也算是对自己思考的一个小结。在此，我要特别感谢邓晓芒先生，先生的教诲使我受益终生。也要感谢《建筑师》杂志的主编黄居正，没有他的推介，出版几乎不可能。同时还要感谢编辑唐旭女士认真仔细的编校，避免了许多错漏。

汪　原

2009 年 8 月于华工喻家山麓

目　录

迈向空间的生成过程

　　亨利·列斐伏尔(Henri Lefebvre 1901～1991 年)是法国最多产并有着传奇色彩的马克思主义哲学家、社会学家。在横跨将近一个世纪的生命历程中，其理论思想曾多次被法国思想界推上高峰，成为学人趋之若鹜的显学，也曾多次淡出中心，备受学术界的讦难和冷落。尽管如此，亨利·列斐伏尔早年对马克思著作的译介和研究使马克思主义在欧洲特别是在法国得以迅速传播和发展。由于政治原因，他在 20 世纪 70 年代转向了社会学研究，并在 1974 年出版了集其哲学和社会学思想于一体的《空间的生产》一书。在书中，他对空间概念及其历史的系统研究和重新诠释至今对法国的社会学、地理学、政治学、文学批评以及建筑学和城市科学都有着深刻的影响。

　　亨利·列斐伏尔的空间思想是在什么背景下被纳入建筑以及城市理论视野的已无从查考。但值得注意的是，美国建筑学家、哈佛大学建筑理论教授麦克尔·海斯(K·Michael·Hays)将亨利·列斐伏尔的文本(严格地说是一种社会哲学理论)堂而皇之地收入其编著的 "Architecture Theory since 1968" 一书。虽然书中同时还收入有福柯、德里达、哈贝马斯的言论，但不同的是，从《空间的生产》中所摘取的篇章几乎都是关于建筑和空间历史的讨论。① 也许在麦克尔·海斯的心里，亨利·列斐伏尔就应该是与塔夫里、罗西和柯尔柯亨等建筑理论大匠具有相同的地位。

　　亨利·列斐伏尔关于空间理论的建构源于精神空间和物质空间的分歧。在对现代认识论的思维批判的基础上，他对那些将空间视作是"精神的事物和场所"的哲学思想以及相关的建筑理论进行了批判，并将批判的矛头首先指向了符号学。他认为"当由文本组成的符号应用于建筑空间和城市空间时，人们便不得不停留在纯粹的描述层次。任何试图应用符号学的理论去阐释社会空间的企图，都必须确实地将空间自身降至一种信息或文本，并呈现为一种阅读状态。这实际上是一种逃避历史和现实的方法。"②

　　针对符号学的这种缺陷，亨利·列斐伏尔一方面将主观性引入从政治和经济学的角度对空间的理解，另一方面，通过对精神空间与社会和物质的关联域进行整合，从而将符号学"文脉化"。他认为，空间的精神、物质和社会尺度不应相互分离，并且试图阐明一种一元化的空间理论。为了进一步弥补传统的二元论即物质空间和精神空间之间的分歧，亨利·列斐伏尔还引入了社会空间、社会生活空间以及社会实践、空间实践的概念，并利用黑格尔关于生产的概念，形成了将物质空间、精神空间和形式抽象以及社会空间的实际感知集为一体的一元化的空间理论。③ 这种一元化思想的灵感部分来源于物理学中空间、时间和能量相互关联的理论，同时还受到超现实主义者寻找人类内在和外在世界的结合点的启发。他进一步指出，社会空间是一种社会的产品，每一个社会和每一种生产模式都会生产出自己的空间，只有通过这样的理解，才能将空间二元论式的问题凸显出来。人们应该关注的是空间的这种生产过程，而不是在空间自身或空间内部的事物。

在亨利·列斐伏尔的思想中，空间的生产是一个核心概念。在对资本主义社会规律分析的基础上，亨利·列斐伏尔指出：资本的流通是资本主义生产过程得以发生的前提条件，为了解决过度生产和积累所带来的矛盾，追求最大的剩余价值，过剩的资本就需要转化为另一种流通方式，即资本转向了对建成环境的投资，从而为生产、流通、交换、消费创造出一个更为整体的物质环境。由于过度积累和资本转化的循环性和暂时性以及在建成环境中过度投资而引发的新的危机，使得在资本主义条件下创造出来的空间带有极大的不稳定性。这些矛盾的含义进一步体现为对现存环境的破坏，从而为进一步的资本循环和积累创造出新的空间。因此，空间的生产实际上是资本主义生产模式维持自身的一种方式，它为资本主义的生产创造出了更多的空间。城市化是资本主义扩张的方式之一。资本主义依靠全球化的银行和商业网络，依靠高速公路和机场，依靠能源、原材料和信息流动，对所有的空间进行抽象，并将自然空间和其特性如气候、地形都降至为社会生产力运行的一些材料。地表、地下、空气，甚至是阳光都变成可用来交换、消费和控制的产品；空间则被利用来进行剩余价值的生产。空间在旅游和休闲中被消费；环境和生活的组成、城镇和区域的分布，都是依赖空间的生产和空间在社会组织、经济组织的再生产中所扮演的角色；城市、区域、国家、大陆的空间分布就像工厂里的机器设备一样是用来增加生产的，是用来使生产关系得以再生产的。

在这种状况下，事物与事物之间的距离已崩溃，人们在历史过程中对自身所处的场所的感知也被扭曲，而且由于生产的不断重复和循环，甚至时间也被打上了商品的和空间的烙印。

在对社会空间的引入中，亨利·列斐伏尔认为必须考察三个重要的环节：即空间实践（Spatial Practice）、空间表征（Representations of Space）和表征空间 Representational Space）。空间实践涉及空间组织和使用的方式。在新的资本主义环境中，空间实践使日常生活和城市现实之间体现了一种紧密的联系。空间表征涉及概念化的空间，是一种科学家、规划师和专家治国论者所从事的空间。这种空间在任何社会中都占有统治地位，它趋向一种文字的和符号的系统。表征空间是通过相关的意向和符号而被直接使用的空间，是一种被占领和体验的空间，是居住者和使用者的空间，它与物质空间重叠并且对物质空间中的物体作象征(符号)式的使用。

从意大利文艺复兴到 19 世纪，西方城市大都经历了这三个环节。但 19 世纪之后，尤其是现代主义盛行之后，城市空间的历史性被抽象性所打断和代替；城市空间与自然、历史、宗教、政治等因素之间的因果关系也因此被忽略了。以资本主义为背景的现代性将人的所有行为和活动都进行了分类化和惯例化，并通过钟表计时将时间与地点或空间相分离，致使人的活动变成了有钟表的时间控制的机器。抽象空间占统治地位即意味着作为一个整体的社会空间及其各个场所都被抽象空间所侵占，并席卷和吞噬了所有未被商品化的剩余的城市空间。生产力的全球化趋势使抽象空间本身所具有的断裂性和匀质性得以加强，并试图采用抽象空间去解决所有的空间矛盾。但资本主义生产关系的私有性质从本质上导致了一种潜在力量去抵抗这种全球化所可能形成的同一性，并使异质性空间的出现成为可能。

因此，亨利·列斐伏尔的第一个任务是通过将空间的主观性和客观性的思考引入空间的生产过程中，从而将空间的主观性和客观性融为一体。由于以往对空间的认识没有根植于空间生产的政治经济的基础上，因此他对以往空间认识的确实性提出质疑。同时，为了与空间产品的政治经济组织取得平衡，他还导入了日常生活的概念，一种试图说明社会生活的主观因素(传统意义上的社会学侧重对日常生活的客观性理解)，并且在社会调查中将对异质性的关注提到了重要的地位。

这种将日常生活结合进社会过程的观点并非亨利·列斐伏尔所独创。阿尔弗雷德·舒茨(Alfred Schutz)④ 在其生后出版的《生活世界的结构》(The Structure of the Life World)一书不仅体现出舒茨对胡赛尔的现象学、詹姆斯的实用主义以及米德对身体行为分析的结合和借用，同时也涵盖了舒茨对生活世界的社会分析。哈贝马斯也曾对系统和生活世界之间的关系作过总体式的描述，例如他将日常生活从金钱和权力系统中分离出来，强调这些系统是试图通过现代化和官僚化而渗透和殖民日常生活的。

亨利·列斐伏尔的第二个任务(与第一个任务紧密相连)即是对异质空间的提倡。抽象空间几乎就是现代主义的代名词，而当代的社会理论则更注重对异质性的分析。在现代主义和后现代主义关于抽象空间和异质空间的论争中，亨利·列斐伏尔显然更倾向于后者。

城市中的异质现象就像城市自身一样古老。在亚里士多德的著作中就有"城市是由不同的人组成的，相似的人组成的城市不可能存在"的论述。特别是 19 世纪以后，城市得到了史无前例的发展，城市异质现象和多样性问题已变成城市生活的一个重要特质。例如在路易斯·沃斯(Louis Wirth)⑤的城市主义理论中即将异质现象与人口数量和密度作为城市的一个决定因素。路易斯·沃斯在关于城市里的陌生人的讨论中对城市生活异质性的强调是非常明显的，这种对异质性的强调在社会学的实地调查中占有非常重要的地位。简·雅各布斯在其《美国大城市的生与死》一书中也提出要用陌生人聚集的观念来重新认识城市。因此，在某种程度上可以这样说：城市生活本身就是由一个陌生人的世界所组成的。

亨利·列斐伏尔还进一步指出：空间的社会、心理和物质尺度之间的相互关系不是简单的、直接的关系。"形式随从功能"这一现代主义建筑运动的基本信条最终所体现的是空间的社会尺度和功能尺度都应该由其物质的因素来决定，这实际上是一种不折不扣的机械决定论。将空间的物质尺度和社会尺度整合的企图，或换句话说，将人类实践作为物质空间的关联域，对于人们对空间的理解是非常重要的。一方面，人们不能将自身所处的环境看作是一种物质材料之间毫无关系的堆砌，或将城市仅仅等同于所有建筑的集合；另一方面，如果将空间仅仅看作是承载社会关系的一种容器而在分析中缺乏一种物质尺度，那人们也不可能真正理解空间。因此，各门学科尽管都有自己研究的侧重点甚至是偏差，但人们对于物质空间的感知、创造和使用都深深地植根于人们的日常实践，必须结合物质尺度和社会尺度，才能真正理解空间，理解人们自身所处的环境。

亨利·列斐伏尔的思想对建筑学和城市学科的影响是多方位的。屈米就具有与亨利·列斐伏尔类似的思想。他认为：我们不能体验和思考我们所体验的。空间的概念并不存在于空间的自身中。因此，解决理性主义和经验主义的矛盾的惟一方法就要从对客观对象自身的研究转向对发展过程的关注，将对空间本身的思考转向对空间的发展和形成过程的关注，换句话说，也就是将对建筑(建筑学)的思考转向对建筑(建筑学)发展过程的关注。正是通过对空间形成过程的分析才能将空间的物质尺度和社会尺度相结合，只有通过这种认识的转换，人们才能弥合通过心理过程而形成的精神空间和通过社会实践而形成的真实空间的分歧，才能摆脱因精神空间和真实空间之间的分歧所带来的关于空间认识的障碍。但实际上，屈米本人并没有沿着这种思路发展并用其实践来真正弥合精神空间和真实空间的分歧，而是转向了对真实空间、事件和功能以及三者之间关系的思考。⑥

城市社会学家马克·戈特德伊纳(Mark Gottdiener)根据亨利·列斐伏尔的思想指出：将政治经济和日常生活相调和，弥补了人文生态学和政治经济学这两种主要的城市分析方法的缺陷。根据芝加哥学派的定义，人文生态学研究的是人和社会机构在地理空间上分布的形成过程以及其随时间变化的情况和规律，是人群的空间地理分布的各种社会原因和非社会原因。而马克·戈特德伊纳则认为人文生态学偏重的是人与社会互动的空间位置关系，但在理论上对这种空间位置关系的积极发展没有提出建设性的思想，而且人文生态学对社会过程的解释往往采取一维的和技术决定论的方式。政治经济学在另一角度对社会过程做出了较深入的理解(这种社会过程产生了城市空间)，但政治经济学仅仅将空间看作是人的经济活动的容器，忽略了人的社会关系的重要性。因此为了弥补城市分析方法的缺陷，就必须实现空间认识形式的转换，将对城市空间的研究转向对城市空间形成过程的研究。

阅读亨利·列斐伏尔理论，特别是《空间的生产》这样一本纯粹的社会哲学著作，对于没有受过系统哲学训练的学人来说是艰辛甚至是痛苦的。但庆幸的是，书中有相当的部分是直接对建筑理论和建筑历史的讨论。例如他认为：吉迪翁在《空间，时间和建筑》一书中对空间历史的三个阶段划分的成功之处在于对社会空间真实性所进行的转化，同时又指出吉迪翁的空间哲学存在着致命弱点：对欧几里得几何空间的预设，即将欧几里得空间看作是一种具有先在性的空间。潜在于吉迪翁空间哲学中的这种唯心主义思想在其后面的著作"The External Present"中表现得更为明显。正是由于这些精彩评论的引领，才使得自己能通读全书而不至于半途而废。但由于亨利·列斐伏尔思想的深刻性和多学科性，很难说自己对其思想有着较准确和全面的把握。如果能够通过本文简约的介绍而引发对《空间的生产》的阅读和研究，也就不枉自己的一番苦功了。

注释

① K. Michael Hays. Architectural Theory since 1968. The MIT Press, 1998, 189.

② HenriLefebvre. Everyday life in the Modern World, Tr. Sacha Rabinovitch, Lodon, 1971, 142.

③ 在黑格尔的思想体系中，生产这一概念有着重要的地位。首先作为纯存在或绝对原则的意识生产出了世界，其次自然又生产出人类，而人类则通过劳动和斗争生产出历史知识和自我意识。

④ 阿尔弗雷德·舒茨(Alfred Schutz)，美国现象学社会学家。著有《社会世界的意义构造》、《生活世界的结构》等著作。

⑤ 路易斯·沃斯(Louis Wirth)，城市社会学家，芝加哥学派成员之一。

⑥ 汪原. 城市、空间、事件. 建筑师(80).

"异托邦"概念的两个文本比较

随着西方形而上学权威性的不断式微，人文和社会学科开启了从时间(历史)分析模式向空间分析模式的转化。这种转化不仅引起了各学科的高度重视——许多学者试图将空间分析置入后现代理论框架中，而且也直接影响了作为体验和社会行动之场所的日常生活空间。

这种空间分析模式的建构首先是基于对笛卡儿空间体系批判，对这种与理性、秩序、等级和二元对立紧密关联的空间体系的批判也构成了后现代主义的主要任务之一。这种批判大致可以划分为两大阵营：其一是以包德里亚(Jean Baudrillard)为代表的理论家，他们秉持着末世论的信条，批判笛卡儿空间对迪斯尼式的人类愉悦和狂欢的"真实"外表造成了威胁，持类似观点的还有保罗·维里利奥(Paul Virilio)、大卫·哈维(David Harvey)和詹明信(Frederic Jameson)；其二是福柯(Michel Foucault)、布尔迪厄(Pierre Bourdieu)、德塞图(de Certeau)、德勒兹(Deleuze)和瓜塔里(Guattari)等理论家，尽管在观点上有所差异，但他们都试图对不断分化的、功能主义式的、由电子掌控的日常真实性进行揭示和阐明，并在这种揭示和阐明中，坚持隐藏的但却明白清晰的行动和建设性介入的可能性，希望触发一种新的社会空间形式。

在这些理论家中，福柯无疑是最具代表性的。他对社会空间的思考不仅具有直接的和明确的空间场所性，而且他关于妓院、监狱、精神病院等所谓"异托邦"(Heterotopia)的考察开启了社会空间研究的全新视点。

一

1984年，在福柯去世的短短几十天前，德国柏林展出了福柯早年的一批演讲稿，其中包括1967年3月在巴黎应邀出席建筑师组织的研讨会上的演讲。此前，该演讲稿一直没有公开，因此并未列入福柯的正式作品中。在福柯去世数月后，法文建筑杂志"Architecture-Mouvement-Continuite"(Ocotber 1984)以题为"Des Espaces Autres"刊载了讲稿的全文，随后被翻译成英文和德文，以题为"Of Other Spaces: Utopias and Heterotopias"(另类空间：乌托邦与异托邦)，并且以首篇的形式刊载于著名的建筑杂志"Lotus Internation"上(48/49, 1985)，1986年又重新刊载于"Diacritics"上，从此，"异托邦"(Heterotopia)

的概念引起了理论界的高度重视。

在这篇演讲中，福柯首先对西方思想史中的空间问题进行了简略的回顾。他指出：中世纪的场所(Places)是一种划分等级的系统，这些场所是神圣的或世俗的、开放的或封闭的、城市的或乡村的、超世的或现世的。这种等级化始终与场所相对或纠缠在一起，从而构成了中世纪的所谓局域化(Localization)的空间。17世纪，伽利略不仅发现了地球围绕太阳运动，而且断言了一种无限性和无限开放的空间。事物的位置不过是运动中的某一点，其静止只是运动的无限减慢，从此，场所化被绵延(Extension)这一概念所替代，空间维度被时间维度所统治，中世纪封闭的空间也为之解体。在当代，空间的分布(Arrangement)重新取代了绵延(Extension)，它体现的是点与点、要素与要素之间的相邻关系，是系列和网络。①

因此，福柯断言：我们这个时代是空间的时代，而空间则以一种秩序的形式呈现出来。在简要地叙述了空间的历史之后，福柯向与会的建筑人士阐述了一个新的概念，即"异托邦"(Heterotopia)，并详细地阐述了"异托邦"的六个主要原则。

第一，我们可以在任何文化和人群中发现"异托邦"的存在，虽然它们具有各种形态，并且任何一个形态都不具有普遍性。尽管如此，福柯仍将"异托邦"宽泛地划分为两大类：第一类存在于所谓的原始社会中，是由具有特权的、神圣的或禁忌的场所组成，这类场所服务于那些认为自己处于危机状态的个体，如青少年、老人以及处于经期的女性等；第二类存在于当代社会中，如沿袭19世纪形制的寄宿学校、兵营(在这些场所男青年可以远离家庭而具有第一次性体验)、火车和蜜月旅馆(是女孩初夜的地方)等。这些"异托邦"在当代社会中或已消失，或被其他形式所替代，如精神病医院和监狱，在这些场所中拘禁的是偏离了社会通常标准的人。福柯甚至将老人福利院也包括在其中，因为老人的行为已偏离以愉悦为准则的社会。实际上，对这两类"异托邦"之间历史的、现代化转化的追述几乎构成了福柯的主要工作。

第二，根据文化的共时性，"异托邦"随时间的变化，其功能和意义也发生变化，例如墓地。直到18世纪末，墓地仍位于毗邻教堂的城市中心，并始终与灵魂的不朽和再生联系在一起。为了改善城市的健康以及倡导死亡的个体化，墓地随后被移至郊区，从而使每一个家庭都在"另一类"的城市中拥有了安息的场所。因此，每一个"异托邦"都具有一种赋有启示性的系谱和地理学因素。

第三，"异托邦"具有在某一真实的场所中并置多个异质空间的能力。在此，福柯考察的是各种空间会聚和交织的场所，它们类似于戏剧的方形舞台、电影屏幕和东方的花园(古代的波斯花园即被设计为现世总体性的代表)。正是空间中差异性的复杂并置和世界的同时性,使"异托邦"充斥了社会的和文化的意义,没有这种充斥,空间将沦为固定的、僵死的、稳定的和非辩证的。

第四,"异托邦"与片断性的时间有着特别的联系,鉴于术语的对称,福柯称之为"异时间"(Heterochronies)。这种空间与时间的交会以及空间的时段化,使"异托邦"在一种有迹可寻的地理学意义中发挥着充分的效用。在现代世界中,许多特殊的场所就记录了时间和空间的这种交会,如博物馆和图书馆就是无限积累的时间的"异托邦",博物馆和图书馆即显现了外在于时间自身的场所,它试图将所有时代和事件会聚在一个空间中。此外,还有在时间上更短暂和不稳定的空间,例如用于节庆的场所、露天集市等。透过迪斯尼式的世界,福柯看见了空间和时间这两种形态在简练的、有漂亮包装的环境中不断地会聚,这种环境似乎既对时间和文化进行废除,又对它们实行保留,既体现出暂时性,又折射出永久性。

第五,"异托邦"始终预设了一个开放和封闭的系统,这种系统使得"异托邦"既隔绝又可进入,而进入和离去则是以多种方式实行控制的,其强制性是不言而喻的,例如监狱和军营。与此相对的是更具开放性的场所,如巴西的一些传统住宅,任何过路的人都可推门进入房屋甚至留下来宿夜。尽管这类住宅形式在西方文明中已经消失,但为成年人提供自由、率直的性爱行为的美国汽车旅馆具有类似的性质。在上述场所中,对"异托邦"在场和不在场的监视以及行为的划分和内与外的定义等,使"异托邦"具有了领域性的品质。这种对开放和封闭所实行的控制暗示着权力和惩戒技术的运用。

第六,"异托邦"具有与所有的空间发生联系的功能。在每一种人类栖居的环境中,栖居者被强调幻觉和错觉的同时性愉悦所困惑。换句话说即一方面"异托邦"创造了一种虚幻的空间,从而揭示出所有的真实空间是如此的虚假,所有生活中的场所是如此的碎裂;另一方面,它又形成另一种真实的空间,在这种空间中呈现出完善的、谨慎的和精心并置的状态。②

二

从上述对"异托邦"特征的描述中,我们不难发现福柯仍然延续着空间的二元对立逻辑,如公共与私密、家庭与社会、文化与使用、休闲与工作空间等。"异托邦"(Heterotopia)概念的建立也始终与乌托邦对立地联系在一起。

正如字面上所体现的,乌托邦具有一种幻想的特性,它不是一种真实的所在,"乌托邦提供了安慰:尽管它们没有真正的所在地,还是存在着一个它们可以在其中展露自身的奇异、平静的区域；它们开发了拥有康庄大道和优美花园的城市，展现了生活轻松自如的国家，虽然通向这些城市和国家的道路是虚幻的。"③ 尽管乌托邦不具有真实的场地性，但它仍然具有空间的特性，而且乌托邦在总体上与社会的真实空间具有一种直接的、可转化的、类似性的关系，例如托马斯·摩尔的乌托邦不仅为我们提供了各种想象、可能性和希望，也同时提供了一个完整的社会空间模式；与此相反，"异托邦"所勾勒出的则是一种在社会真实塑造中现实存在的场所，是社会生活预设的组成部分。它类似于反向场地(Counter-site)，外在于并根本区别于所有其他的空间，同时又与通常的社会空间和秩序发生关联和与之共存。"异托邦"的这种差异性存在于同一性和共有的空间性之上或反面，并且在社会根本的基础上不断得以建构和形成。

福柯用镜子作比喻，形象地说明了乌托邦与异托邦之间的关系。他指出："在乌托邦和异托邦之间，存在着某种混杂的经验，这种经验带有这两种类型场所的品质，就好比镜子。镜子(的世界)毕竟是一种乌托邦，因为它是一个非场所性的地方。在镜子中，在其外表背后潜在敞开的一种非真实的空间中，我看到了并不存在于其中的我自己，我就处在我并不存在的那个地方，一种使我的外观向自己显现的阴影，使我能够在我所不在的那个地方看到我自己，一个镜式乌托邦。与此同时，我们也涉及了一种异托邦。镜子真实地存在着，并具有某种反射我占据的场所的效果：事实上，从镜子中，我发现自己并不在我所在的地方，因为我看到了自己就在那里。"④

三

"异托邦"的概念并非首次在该演讲中出现。在 1967 年出版的《词与物》的前言中，福柯就已经使用了这一术语。尽管该演讲与《词与物》的出版几乎在同一个时期，但两个文本关于"异托邦"的论述存在着明显的不一致。

在《词与物》中，异托邦(异位移植⑤被定义为大量断裂的，无法比较的，但又是可能的秩序和世界在一种不可能的空间中的共存，例如"属皇帝所有，有芬芳的香味，驯顺的，乳猪，鳗鳒，传说，自由走动的狗，包括在目前分类中的，发疯似地烦躁不安地，数不清的，浑身有十分精致的骆驼毛，等等，刚刚打破水罐的，远看像苍蝇的"。⑥ 显然，这些要素不是按照类型原则或在同一范畴之下进行划分的，这些相互之间毫无关联的异类要素的并置对于我们通常的秩序感是如此的不协调和具有分裂性，以至于我们无法在一种连贯的和熟习的领域中认识和把握这种反常性。但在《词与物》的前言中，福柯清楚地将对"异托邦"的讨论集中在语言学范围。他指出："异位移植(异托邦)是扰乱人心的，可能是因为它们秘密地损害了语言，是因为它们阻碍了命名这和那，是因为粉碎或混淆了共同的名词，是因为它们事先摧毁了'句法'，不仅有我们用以构建句子的句法，而且还有促使词与物结成一体的不太明显的句法……异位移植(异托邦)使语言枯竭，使词停滞于自身，并怀疑语法起源的所有可能性，移位移植(异托邦)解开了我们的神话，并使我们的语句的抒情性枯竭无味。"⑦

而在《不同的空间》一文中，福柯将"异托邦"描述为一种异类场所(Heterogeneous Site)，是一种绝对的他者，是一种在所有社会中都存在的外在的空间，它能够在单一的真实空间中并置各种相互矛盾的空间，在此，福柯所思考的是超话语(Extra-discursive)的真实场所。

福柯认为巴什拉(Gaston Bachelard)的空间思想⑧和现象学家的描述不仅开启了空间的感知维度，而且使人们认识到我们不是生活在一个同质的(Homogeneous)和真空的空间中，而是生活在浸透了各种品质(性质)的、光怪陆离的空间中。但巴什拉和现象学家所关注的是寓于主体对空间的内在感知，而福柯所要讨论的则是外在空间，是一种具有真实场所性的空间，是一种存在于任何社会、文化和人群中的物质空间，是一种能够将我们从自身中抽取出来的空间，是现实生活受到侵蚀、时间和历史得以发生的空间，是一种令人苦恼但又无法摆脱的空间。

这些异类空间和场所常常被过分强调经验的晦暗性和观念的明晰性这种思维方式所遮蔽，对"异托邦"用经验几何学和相关的空间科学等传统方式的描述，必然会忽略和掩盖"异托邦"的意义以及"异托邦"与所有其他真实场地之间构成的张力和矛盾。因此，为了寻找和发现这种隐藏的、赋有人类地理学意义的空间，就必须借助不同的分析方法和不同的解释模式，福柯将这种分析方法或解释模式称为"异质拓扑学"(Heterotopology)。因此，福柯显然是想将"异托邦"从意象的空间思维中提取出来，并与日常生活的环境进行区分，试图建立一种隐藏的但显然又可以操作的差异性的方法，通过这种方法，我们可以使一种清晰的、在空间上呈现非连续性的场景和概念在社会空间连续性背景的反面呈现出来。例如博物馆、监狱、医院、墓地、剧场、教堂、兵营、妓院等这些所谓的"反向"场所都提供了对社会秩序最敏感的认知，这些认知或许可以从非秩序的和多样性的品质中生发，从而揭示日常现实的杂乱和病态的建构特性，这些奇异的场所被社会性地建构，同时又再创造和揭示了社会存在的意义。

尽管在两个文本中，"异托邦"都被作为一种绝对异质性空间的概念来对待，在《词与物》的前言中，福柯并不想将"异托邦"作为某种可操作的概念，而是借助语言学的证明来显示西方思想体系的局限性。

尽管存在着朝向绝对的异质性或矛盾空间的不可能性，但"异托邦"与二元论式的术语的封闭性形成了不可调和的张力，而正是这种张力，我们才能重新确立"不可能性"的思考。而在《不同的空间》中，异托邦的环境都是被赋予了特权，在政治上被掌控的。正是"异托邦"所具有的差异性，延缓了、中性化了，甚至颠覆了既有的秩序和关系。此外，在两个文本中异托邦的概念虽然有差异，但作为一种空间上非连续的场所形式的意指状态，两者又具有共同之处。在《词与物》的前言中，意指的是语言的场所，在《不同的空间》中所指的是一种社会真实存在的反场所，这种状态不断赋予了质疑、破坏、僭越内在秩序和系统的所谓连贯性和总体性的能力。

四

由于《不同的空间》一文是为讲座而写，因此文章缺乏福柯贯有的严谨性，其论述也显得自由和松散，甚至出现矛盾的地方，似乎他自己正在摸索中。尽管如此，该文仍为福柯对物质空间最为完整和综合的阐述。

当然，我们不能忽视了"异托邦"思想存在的悖论。德里达(Jacques Derrida)曾指出："我们不能希望从我们思想和知识的基础中逃避出来，或在这一思想和知识基础之外来进行思考，我们必须从其内部进行批判"。⑨ 任何其他的方式都注定无法躲开它试图逃避的那些术语、结构和语言所建构的网络。为了对现存的秩序提出疑问，福柯的无法通约的结构必须绝对地与这种秩序相区别，同时又要与这种秩序相关联，并要能够在这种秩序中对之进行定义。但问题是一旦这种无法通约的、异质性的空间被思考，在书页中不断被引述，它曾经所具有的那种"空隙"(Lacuna)也会不再存在。换句话说，一旦这种"异托邦"被命名，它也就不再是它曾经的概念的畸形，因为其绝对的不可通约性已在某种程度上被联系、控制和诠释，使其有了一种中心的和例证性的功能。同时，空间问题的复杂性不能简单地归结为非此即彼的范畴，但毫无疑问的是"异托邦"仍然具有定义所有"另类"或绝对的异质性空间概念的企图，是一种试图发动某种外在的或绝对异质性空间范畴的案例，因此它在逻辑上仍然遵循一种规律，即对"异托邦"简单的命名或理论上的认可终将减损或排除达到目的的可能性。据此，也凸显出朝向绝对差异的、有争议的空间的不可能性。

现在，有许多理论家试图通过对这一术语的使用和意义的扩展来揭示一种建构新型社会空间的可能性，它包含了对不断经过计算测量的、分化的和仿真的社会空间秩序的抵抗。当然，我们还在许多评论中看到对"异托邦"简单引用的倾向，在一些关于文学和建筑学的评论中，

"异托邦"成为了各种无中心结构或一种后现代多元性的随手可用的标记，被简单地当作一种"他者"或为了希望获得外在和超越主流形而上学的一种标记。这种简单化的倾向，不仅回避了福柯所关注的连续性问题，同时也丧失了"异托邦"所具有的零碎、瞬时、矛盾和转化的力量，忽略了"异托邦"对空间系统的连贯性和总体性的界限提出的质疑和破坏的能力。

注释

① "Of Other Spaces: Utopias and Heterotopias". Lotus Internation. 48/49, 1985.
② "Of Other Spaces: Utopias and Heterotopias". Lotus Internation. 48/49, 1985.
③ 福柯. 词与物. 上海三联书店, 2001, 5.
④ "Of Other Spaces: Utopias and Heterotopias". Lotus Internation. 48/49, 1985.
⑤ 莫伟民先生在《词与物》中将"Heterotopia"译为"异位移植"。
⑥ 福柯. 词与物. 上海三联书店, 2001, 1.
⑦ 福柯. 词与物. 上海三联书店, 2001, 5.
⑧ 巴什拉特别注重对内在空间细节的研究。
⑨ Derrida, J. 1976: Of Grammatology, P158. Baltimore: Johns Hopkins.

从日常生活批判到空间批判

　　在 20 世纪的哲学家中，亨利·列斐伏尔(图 1)关于日常生活和空间的理论也许与城市和建筑研究联系得最为紧密。早在 20 世纪 80 年代，作为西方马克思主义理论的代表之一，他在《论国家》和《让日常生活成为艺术品》等著作中对辩证唯物主义和对日常生活批判的思想早已被国内学者所熟识，但他关于空间的研究以及对相关学科的巨大贡献，却一直被国内研究者所忽略，这一状况与英语世界对列斐伏尔的认识极为相似。① 尽管如此，美国著名城市地理学家爱德华·索加(Edward W. Soja)仍然这样评价列斐伏尔："20 世纪 50 年代以后，他成为西方马克思主义首屈一指的空间理论家，并成为重申批判社会理论中的空间的最强有力的提倡者"。② 在近 70 年的学术生涯中，列斐伏尔不仅亲身参与激进的艺术和社会团体的活动和实践，而且其著作对城市化、城市空间以及建筑理论也作了开创性的研究。他的思想不仅在法国促生了对现代规划方法和建筑功能主义的广泛批判，而且对 80 年代欧洲的规划政策有着重要的影响。

图 1　法国哲学家、社会学家
亨利·列斐伏尔

一、思想历程

　　列斐伏尔是最早将马克思主义引入法国的哲学家。他不仅向法国知识界介绍马克思的思想，而且还发表了大量文章对马克思的人道主义进行阐释。1928 年，列斐伏尔与一批年轻的哲学家创办了法国第一个马克思主义哲学刊物《马克思主义杂志》；1929 年加入法国共产党；1939 年，列斐伏尔出版了《辩证唯物主义》一书。该书不仅肯定了黑格尔的辩证法对形式逻辑的超越，肯定了黑格尔试图通过辩证法将理念和内容、思维和存在相统一的思想，而且趋向于在实践活动中用辩证法去解决各种矛盾，并在马克思《1884 年经济学—哲学手稿》中关于"全面的人"的思想基础上，引申出"总体的人"(Total Man)这一概念，认为人类终将实现其所有的潜能而成为"总体的人"。③

　　战后，列斐伏尔出任图卢斯广播电台主任一职，在此期间他出版了一系列论述马克思主义思想的著述。其中，列斐伏尔在对青年马克思诠释的同时，还大胆地对马克思思想进行了改造和发展。他认为，异化是人类实践的基本结构，在总体上，每个人的行为都由原始自发的秩序、理性的组织结构和压抑的拜物教系统三个发展阶段组成。据此，在经济学上，劳动的分工导致了工人的被剥削；在政治学上，有效的管理最终腐化成国家专制(政党专制)的工具；在哲学上，思想的阐明最终变成严酷的意识形态和权力统治的工具。

二战后法国知识界的状况非常严峻，知识分子之间的论战往往超出了理论和思想范围，有时甚至沦为人身攻击，列斐伏尔也没有免俗。④这也一度使列斐伏尔陷入极其困苦的境域中。一方面，他要应对来自党外各种思想的讨伐，另一方面，由于他偏离主导路线而不断遭到党内人士的批判。迫于压力，列斐伏尔只好暂时放弃哲学而转向了社会学研究。

在当时，法国的社会学研究并不带有太多的政治色彩，并且大多集中在非教学的研究机构和政府规划部门。但在法国，从事社会学研究需具有相当的哲学素养，因而列斐伏尔很快就完成了学科角色的转换。凭借马克思主义思想框架，列斐伏尔对城市社会学、乡村社会学、社会语言学以及日常社会学等方面进行了全面的考察和研究，并被法国社会学界公认为这些领域的奠基人。

1956 年，列斐伏尔重返哲学论坛。在与合作者创办的杂志《论证》中，给自己规定了既要坚持马克思主义，又要超越马克思主义的任务。同时，与东欧的共产运动和法国的非共产信仰的知识分子联合在一起，形成了一股强大的反斯大林主义的势力。1958 年，列斐伏尔终因对斯大林及其法国追随者的无情批判而被开除出党。

在这段时间内，列斐伏尔的生活非常窘迫。出于生计，他曾经在巴黎街头开出租车，也正是由于这种生活状态，使其对城市和日常生活有着十分深入细致的观察。当然，被开除出党并没有影响列斐伏尔的研究，反而激起了其思想创作的激情。在随后出版的一系列著作中，他的思考涉及了哲学、社会学、文学分析和诗学以及建筑和城市科学，在理论上，他不仅超越了马克思主义的理论框架，并且还吸收了后结构主义的思想策略，使其思想带有了较明显的后现代主义倾向。

在 20 世纪中期，法国知识界分为两大阵营：其一是处于上升势头的结构主义，其二是日渐式微的存在主义。由于列斐伏尔的人道主义思想和对青年马克思的推崇，他很快就成为结构主义马克思主义的主要论敌之一。他批评列维·斯特劳斯等人是技术主义的护教论者，批评他们试图创造一套新的技术语言来分析问题，批评福柯对辩证主义历史性和主体性的拒斥，批评德里达抬高"书写"贬低"言语"，他还批评阿尔杜塞建构了一种与实践相脱离的结构主义意识形态，从而消除了人民大众的创造性，无限放大了知识的或少数知识精英的作用和权力。他将结构主义看作是对政治的逃避，是技术理性在知识范围内的扩张，缺乏任何行动的激情（"结构不上街"）。

1968年，"红五月事件"席卷欧洲和北美，这次运动似乎印证了列斐伏尔的预言。他将学生看作是社会和理性异化的牺牲品，看作是社会解放、实现"总体的人"这一终极目标的代言人。作为巴黎第十大学的教授，他对学生的影响无疑是巨大的。列斐伏尔提出的"改造生活"、"不要改变雇主，而要改变生活的被雇佣"、"让日常生活成为一件艺术品"等在"五月风暴"中成为最流行的口号。因此，他也被称为"法国学生运动之父"。

在20世纪50～60年代，列斐伏尔与各种艺术团体的接触和合作对其思想的影响是不容忽视的，例如情境主义。一方面，情境主义从列斐伏尔的《日常生活批判》中借用了大量的思想；另一方面，情境主义积极参与空间的试验激发了列斐伏尔对城市问题的关注，并引向了全球性城市化的批判。列斐伏尔特别赞赏荷兰建筑师康斯坦特的"新巴比伦"方案（图2）。在新巴比伦中，康斯坦特以一种对迷宫式空间的使用摆脱了以分工为基础的功能主义，而且其介于公寓综合体和城市之间的适宜的尺度，使列斐伏尔看到了公共和私人之间的分裂，促进新社会变更的希望。

图2 荷兰建筑师康斯坦特设计的新巴比伦方案

在20世纪60年代，他与另一前卫组织Utopia Group有着密切的联系，该组织由多学科的人士组成，并创办了以Utopia Group为名称的刊物。此时，巴黎到处充斥着巨型建筑，德方斯的办公大楼就像是技术理性的凯旋门。据此，刊物刊登了许多讽刺性的漫画和滑稽的言论以构成他们对城市以及法国文化实践的革命式的批评。受到情境主义和英国的阿基格拉姆学派的影响，Utopia Group组织中的建筑师提倡一种瞬时的建筑，作为创造节庆的和愉悦的环境的方法，这种环境就是他们认为的空想共产主义世界的到来。但是，该组织在空间视觉与政治计划之间本来就很纤弱的联系很快就消散了，《Utopia Group》也变成进行批判的纯粹文本论坛，用列斐伏尔的话说即是"否定的乌托邦"。

尽管深受这些艺术运动的吸引，但是列斐伏尔始终坚持卑贱的、平常的、鲜活的和可接近的艺术，坚持大众主义，反对感伤或简单粗暴式的革命艺术，而对真实性的坚持也导致了两者之间的矛盾与争执。当认识到幻想的方案不足以改变平凡普通的生活时，列斐伏尔将其对日常生活转化的任务从前卫的审美实验转向了对城市规划策略的关注。

　　20世纪70年代是马克思主义的黄金年代，列斐伏尔的著作也成为抢手的读物，并被翻译成多种文字，但这时列斐伏尔的主要精力已转向了城市。在短短的五六年中，列斐伏尔出版了七本专门讨论城市化和城市空间问题的著作。1974年，列斐伏尔出版了其一生最重要的著作《空间的生产》(图3)。在书中，他不仅对空间问题进行了思考，而且不断对二元论逻辑进行解构，将处于边缘的各种关系重新结合，发展出了许多新的概念，并以空间为基础，对日常生活、生产关系的再生产、消费社会、城市权利、主体意识的城市化、城市变革的必要性、从本土到全球范围内不平衡发展等问题作了广泛的考察和论述。

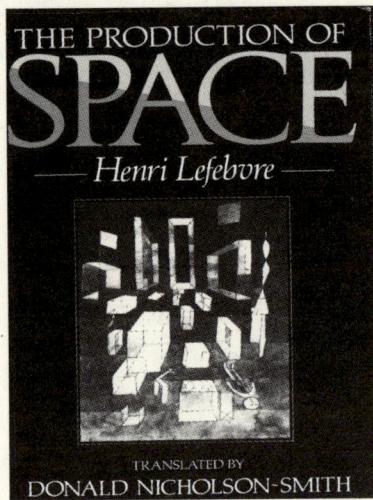

图3　亨利·列斐伏尔重要著作《空间的生产》

　　1991年，列斐伏尔去世，终年90岁。纵观列斐伏尔将近一个世纪的生命历程，其生活故事既是时间性和社会性的，同时也是空间性的，这也使得列斐伏尔对空间、时间和社会存在(Social Being)之间的三重意识(Tripleconsciousness)具有了更为具体的时空意义。我们或者可以用空间的生产、历史的创造和社会关系构成来对应这三重意识。在他90年的生命旅途中，这三重意识有过许多不同的转折和变化，从早期迷恋超现实主义和工人阶级意识，到对日常生活以及城市现状的空间性和社会学进行马克思主义的探索，再到晚期对于空间的社会生产的研究，他的一生始终如爱德华·索加所指出的"是一个不知疲倦的知识分子'流浪者'，一个来自边缘却能在中心生存并且兴旺发达的人"。[5]

二、日常生活批判[6]

　　列斐伏尔关于日常生活批判的思想主要集中在三卷本的《日常生活批判》和《现代世界的日常生活》中，1972年发表的《日常和日常性》一文，是列斐伏尔关于日常生活批判思想的总结和概括。[7]

　　由于列斐伏尔拒斥对概念作任何静态的分类，因此对日常生活并没有下一个明确的定义，但是他试图通过大量的描述将其显现出来。其中最根本的是真实的生活，"是生计、衣服、家具、家人、邻里和环境……如果愿意，你可以称之为物质文化"。⑧ 但这种重复性的、数量化的物质生活过程又具有一种"生动的态度"和"诗意的气氛"。列斐伏尔指出："在日常生活的本质特性之中包含了丰富的矛盾性。当其成为哲学的目标时，它又内在地具有非哲学性；当其传达出一种稳定性和永恒性的意象时，它又是短暂的和不确定的；当其被线性的时间所控制时，它又被自然中循环的节奏所更新和弥补；当无法忍受其单一性和惯常性时，它又是节庆、愉悦和嬉戏的；当其被技术理性和资本逻辑所控制时，它又具有僭越的能力。"⑨

列斐伏尔是在 1936 年出版的《被蒙蔽的良知》中首先提出日常生活概念的。在这部以批判法西斯主义、个人主义等神秘化的意识为内容的著作中，提出了要从描述日常生活中最平淡无奇的生活开始，寻找出一种贯穿于日常生活的分析模式。在《日常生活批判》第一卷中，日常生活概念是作为超越生产、阶级斗争和经济决定论而扩展马克思主义意识形态批判的一种方法。这种方法既能包含更多的哲学意义和范畴，从而对异化作普遍深入的分析，同时又能超越诸如劳动、社会组织等特定的功能范围，达至没有明确定义的、所谓剩余的或边缘的范围。

在《现代世界的日常生活》中，他将当代的日常生活和前工业时期的日常生活进行了比较，⑩ 他认为前工业时期的日常生活具有区域的多样性和地方的同一性或整体性等特征，具有一种下意识的形式。19 世纪的日常生活缺乏这种整体的形式，理性化的增长带来不断的分裂。在二战后的 20 年中，技术和官僚的统治已经渗透到几乎每一个存在领域，导致了功能的特殊性、社会分化和文化被动性的不断增加，家庭生活、休闲时间或文化活动的几乎每一个层面都无法逃脱系统化，这种无情的理性化在当代城市中体现得最为明显和生动。

战后的快速重建和随着经济增长而不断出现的新城，特别是在离其家乡不远的区域由于发现了一座天然气田而突然出现的新城 Mourenx（图 4）与家乡牧歌式景象所形成的巨大反差，对列斐伏尔产生了强烈的

图 4 法国二战后迅速形成的新城 Mourenx 与列斐伏尔家乡田园景象形成巨大反差

震荡和心理失落，也迫使列斐伏尔将城市主义作为当今关键的文化问题之一，从而促进了其思想的重要转折。在列斐伏尔眼里，Mourenx 新城所呈现的是一幅城市和城郊匀质化的凄黯的景象——匿名的、巨大的集合体占据着城市周边，平淡和重复的办公楼、沿着山腰不断扩展的郊区别墅就像成百只在巨大橱窗中的死鸡。他不仅认为 Mourenx 像沙漠一样的空间扼杀了任何公众的自发性和游戏的品质，而且将这种无情的匀质化与美国化等同起来，将这种现象视作潜在的全球现象。

在这一点上，列斐伏尔的日常生活的思想比德赛图 (Michel de Cer-teau) 更为悲观。⑪ 尽管如此，列斐伏尔对日常经验压抑的强调被一种先验的信念所支撑，这种信念使日常生活不能被官僚政治的管辖所容纳，这种信念怀有生成转化的欲望，例如自然、爱情、简单的家庭愉悦、庆典和节日都会侵蚀任何总体的、静态的系统化。在《日常生活批判》的第一卷中，列斐伏尔对乡村节日进行了生动的描述和阐释，他将农民的节日看作是愉悦、自由和日常生活社区化的显示，并可以提供一种更为持久和有意义的方法。⑫

列斐伏尔预想了一个丰富充裕、有更多的休闲、在日常欲望和需求之上的个体解放的社会。这种未来的无限可能性已经在日常生活中出现，但仅仅是片刻的。

当《日常生活批判》的后两卷关注官僚和"控制的"消费对社会的不断占领时，列斐伏尔辩证的思考则传达出乐观主义的态度。其方法不是确定对立双方以形成新的综合，而是一种对多元张力的叙述，这种张力所形成的转化力量是无法预期的。对于列斐伏尔来说，总体性不是从自身外化出的产物，而是向未来开放的一种具体现实。由于日常生活包含了主体对压抑的最直接体验和最强烈转化的潜在性，因此对于主体实践和客体决定论而言，他对主体实践更感兴趣，而乌托邦就是这种实践的本质的组成。乌托邦不仅可以提供各种选择的可能，引导无止境的试验，而且个体和集团还可以积极发动社会的转化过程，以建构新的未来。而对于社会转化来说，日常生活比工作本身更有意义，这也是列斐伏尔能够与情境主义合作的思想基础。当然，与情境主义信奉情境的潜在性和革命的瞬时性不同，列斐伏尔相信革命的变化是一种缓慢和全面的过程，很少戏剧性和个人性，是根植于日常生活的一种长期的历史实践。

在列斐伏尔的日常生活思想中，对女性的体验有着敏锐的分析。他认为，尽管日常生活对女性产生着巨大压力，但日常生活仍然为女性王国提供了幻想和欲望，提供了声讨和反抗，提供了在官僚系统化之外新的竞技场。因此，消费社会对于女性生活来说扮演着魔鬼和解放者的双重角色。一方面，消费对女性形成了压抑和控制，使其在性别客体化中丧失体面；另一方面，消费又不能完全被理性化所承载，具有不可通约性的欲望保留了一种自发的意识，因此也就潜藏着希望。在空间上，随着透视法的出现和运用，技术理性占据了主导，空间的女性品质被逐渐压缩；在时间上，女性与周期性的时间、自然的节奏之间的紧密关系，使得女性具有一种先天的抵抗系统化的能力。这些思想都在不同程度上激发了众多的女性主义理论家对大众文化与女性对公共空间占有问题的探讨。

三、空间理论批判

与后现代哲学家对空间问题探讨所不同的是，列斐伏尔有着更为系统和完整的空间理论。在对二元论的空间理论，即精神空间和物质空间提出质疑的基础上，他首先对现代认识论将空间视作"精神的事物"和"精神的场所"的趋向进行全面的考察，并对以往完全从几何学角度把空间说成是"空洞的空间"进行了批判。他认为，这种空间观致使现代认识论把空间看作是精神性的东西，从而使研究者可以主观随意为空间附加各种意义，以此为基础的空间研究必定缺乏分析性和理论性，其描述的也只能是空间的某个片段，也绝不可能促成关于空间的完整的认知。因此，必须对物质领域（自然界）、精神领域（逻辑的和形式的抽象）以及社会领域进行统一性的理论阐述，据此，我们就可获得空间的无限多样性，即一种空间与另一种空间的重叠，从而建构出一个共同的平台，使研究者可以从各自不同的学科出发对每一种空间加以研究。当然，列斐伏尔的统一性思想并不蕴涵某种特殊的语言，它不是一种元语言，而是强调空间解码活动的辩证特征，是"要把各种不同的空间及其生成样式全都统一到一种理论之中，从而揭示出实际的空间生产过程"。⑬

列斐伏尔空间理论的核心，是生产和生产行为的空间化，用列斐伏尔自己的话说就是："（社会）空间是（社会的）产品"。⑭ 即空间在现有的生产模式中作为一种实在性的东西而起作用，它与在全球化过程中的商品、金钱和资本既相似又有明显的区别。首先，空间应当被看作是服务于思想和行动的工具；其次，作为一种生产的方式，空间也是一种控制的、统治的和权力的工具；另外，空间并没有被完全控制，它能够形成各种边缘化的空间。据此，列斐伏尔从四个方面展开了对空间的分析。

第一，物质（自然）空间正在消失。在总体上，自然空间过去是，现在依然是社会过程的起源和原始模式的基础。自然空间的消退不仅发生在物质环境中，同样也发生在人的思想中。因为，人类对于什么是自然、自然的原有状态等问题已不再关心，自然界的神秘力量也只是被转释为科幻的或迷信的世界，自然已经沦为各种社会系统塑造其特殊空间的原材料的产地。

第二，任何一种社会，任何一种生产方式，都会生产出特有的空间。社会空间包含着生产关系和再生产关系，包含生物的繁殖以及劳动力和社会关系的再生产，并赋予这些关系以合适的空间场所。创造过程所需要的具体场所与生产、禁忌和压制等因素相关，主导性空间对附属性空间具有支配力量。

第三，空间的知识就是对生产过程的复制和揭示，也即空间解码活动。因此应从对空间中事物的关注转向对空间生产的关注。对此，列斐伏尔区分了空间实践(Spatial Practice)、空间的表象(Representations of Space)和表象的空间(Representational Space)三个重要环节，并对三者的关系进行了辩证的考察。

空间实践通常关注的是功能形式意义上的空间，同时也包含在概念思考和体验之前的感知空间，空间实践涉及空间组织和使用的方式。在新的资本主义环境中，空间实践使日常生活和城市现实之间体现出了一种紧密的联系，它关注的是物质生活的生产和再生产，既包含日常生活，也包含城市行为，涉及了从建筑到大型的城市设施等各种各样的功能空间，涉及的是一种物体和事物的空间，也是一种人在其中移动和行为的空间，因此，我们可以大致将其看作是经济或物质基础。其中，不断生产的空间形式和实践必须与不同的生产和再生产的行为相适应，这不仅定义了场所、行为、符号以及日常琐碎的空间，符号或象征也使场所具有了特性和意义。

图 5 《城市文集》收编了列斐伏尔关于城市问题的主要文章

空间的表象涉及概念化的、构想的空间，是一种科学家、规划师和专家治国论者所从事的空间。这种空间在任何社会中都占有统治地位，趋向一种文字的和符号的系统，是一种可以据此进行控制的工具。

表象的空间是通过相关的意向和符号而被直接使用的或生活的空间，是一种被占领和体验的空间，是居住者和使用者的空间。它与物质空间重叠并且对物质空间中的物体作象征(符号)式的使用。[15]

第四，空间具有历史性。如果空间是生产的，那么必然有其生产过程，对生产过程的考察也就具有了历史维度，从一种生产方式到另一种生产方式的过渡也具有至高无上的理论意义。既然每一种生产方式都有自身独特的空间，那么从一种生产方式转到另一种生产方式，必然伴随着新的空间的生产。我们如何判定新型空间的出现、新型空间出现是否意味着新的生产方式的产生等问题为我们进行历史的、社会制度的分析提供了全新的视野。厘清了这些问题，也就厘清了相应的空间符码，也就厘清了相应的历史分期，历史学即能形成空间范式的转折，在此意义上，我们也就不难理解吉迪翁的空间哲学所存在的致命缺陷。⑯

在建构自己的理论系统时，列斐伏尔运用了不同的空间概念。绝对空间：本质处于自然状态，一旦被占领，就会相对化并具有历史性；抽象空间：与积累的空间联系在一起，在这种空间中，生产和再生产过程相互割裂，空间呈现出工具性特征；矛盾空间：抽象空间的内在矛盾，导致了旧有空间和新的空间的分裂；差异空间：不同空间的叠加与拼接。

总之，列斐伏尔的空间本体论认为，正是在创造和存在的行为中，空间得以现身并蕴涵其中，生命进程与不同种类的空间生产密不可分，空间的生产在本质上也就成为一种政治行为。⑰

除了现象学的维度以外，列斐伏尔的空间分析带有明显的后现代意识。他从逻辑上反对语言在先的观点，认为西方文化过分强调了言语和书写。在他看来，任何一种语言都囿于空间之中，那些试图为语言提供全新认识论基础的人，必须注意语言的时间特性。低估、忽视或贬抑空间，也就等于高估了文本、书写文字和书写系统(无论是可读的还是可视的系统)，就会赋予它们以理解的垄断权。

据此，他把批判的矛头指向了符号学。他认为："当由文本组成的符号应用于空间时，人们就必须停留在纯粹的描述层次。任何试图应用符号学的理论去阐释社会空间的企图，都必须确实地将空间自身降至为一种信息或文本，并呈现一种阅读状态，这实际上是一种逃避历史和现实的方法"。⑱

列斐伏尔强调，在被认识之前，空间就已经存在，在可以被解读之前，空间就已经生产出来。因此，对空间文本的解读和解码，主要目的在于帮助我们认识表象的空间(生活的空间)如何向空间的表象(概念的空间)转变。

列斐伏尔还向诸多的传统思维习惯发出了挑战，他指出："即使新哲学前景广阔，但透明、中立、纯粹的空间幻象仍然会逐渐趋向消亡，我们不仅用眼睛、用理智，而且是用感觉、用身体来感受空间，这种感受越是详尽，就越能够清楚地意识到空间内部所蕴涵的矛盾，这些矛盾促成了抽象空间的拓展和另类空间的出现。"他要求人们从现代主义者所谓的可读性、可视性和可理解性的谬误中解脱出来。他断言："我们已经步履蹒跚地走在了社会空间科学的边缘，这种科学绝不是企图达至一种彻底的总体性，达至某种体系或综合，这一方法试图把原来风格的要素重新结合起来，并以清晰的区分来代替含混不清，把分割的元素重新结合起来，并对新的结合体重新加以分析。"⑲

列斐伏尔将自己的这种空间分析方法称为"空间学"，以便同现有的学科术语区分开来。他所提出的概念框架建立在不同的认知或分析层面上，即微观的建筑层面，中观的城市层面，宏观的国土资源以及全球性土地资源层面。因此，列斐伏尔的空间理论是一种可以在各种尺度上展开运用的空间科学。

四、空间的生产

在列斐伏尔看来，(社会)空间的生产，始于"对自然节奏的研究，即对自然节奏在空间中固化的研究，这种固化是通过人类行为尤其是与劳动相关的行为才得以实现的，即始于社会实践所塑造的时空节奏"。⑳因此，我们就可以从对存在于空间中诸事物的研究转到对空间实际生产过程的研究。由于这种研究无法将研究对象进行分类，因此这种转变对于传统思维来说是困难的。但列斐伏尔认为，由于(社会)空间的先在性，它不是空间中诸多事物中的某一类，也不是诸多产品中的某一种。空间本身不能归类，而是空间对事物加以归类，这种归类实际上蕴涵了事物共同的内在关联性，即秩序或无序。(社会)空间本身是过去行为的产物，它就允许有新的行为产生，同时能够促成某些行为，并禁止另一些行为。只有当社会关系在空间中得以表达时，这些关系才能够存在。这些关系把自身投射到空间中，在空间中固化，在此过程中使空间显现出来，所谓生产出了空间本身。因此，(社会)空间既是被使用或消费的产品，也是一种生产方式，既是行为的领域，也是行为的基础。

由于资本主义生产方式的私有性，必然会导致差异性的存在。这种差异被蕴涵在空间及其矛盾之中，即资本主义社会依仗技术所形成的主导性空间与个体或集团可能拥有的自然空间之间的矛盾，这种矛盾最明显的表征就是地区发展的不平衡。

不仅如此，作为资本主义生产力"三位一体"要素的土地、劳动力和资本也不再是抽象的，而是在空间的"三位一体"中得以充分的结合与体现：首先，这种空间是全球性的，其次，这种空间是割裂的、分离的、不连续的，包含了特定性、局部性和区域性；最后，这种空间是等级化的，包括了最卑贱的和最高贵的、被禁忌的和具有王权的。㉑

列斐伏尔常常把城市和城市化作为自己分析的基石，认为人造环境是对社会关系的粗暴浓缩。㉒ 在国家处在空间生产核心的城市化过程中，设计者一方面用交通、信息和空间分割等技术手段卓有成效地强化这一过程，同时又促生和强化了资本主义社会的矛盾。置身于资本主义主导空间中的设计师，其设计和规划无非是对空间进行抽象、归类和排列，以便为特定的阶级效劳。因此，他们更为关心的是与人和动植物毫不相干的抽象的中性空间，即可以承纳任何事物的容器。在列斐伏尔看来，奥斯曼的巴黎改建和尼迈耶的巴西利亚新城都是设计师分离和抽象空间的典型案例，在其中，是国家的政治权力主导了城市空间的生产过程，设计只是政治权力的一种工具。

据此，列斐伏尔展开了一种对资本主义规划精确的和分析的批判。在列斐伏尔看来，资本主义的规划，作为一种空间生产历史的特殊形式，它不是一个所谓关于调整分类并使之秩序化的实践，而是一种通过国家提出策略和按期执行的权力实践，它与按照指令进行消费的社会一起构成了一个整体，其目标是从日常生活的每个可能的方面提取利益。㉓ 在这种实践中，规划促使了一种实际的分离——使身体的行为分裂，使感官迷失方向，并赋予其视觉主宰其他的感官。

当然，这并不是说我们不需要对日常生活进行社会的和有意义的规划，或者说这种规划在日常生活的节点中不存在，也不是说这种规划不能再运用。列斐伏尔认为，过去所有的伟大城市都是经过规划的，并且是非常有秩序的，但这些规划源于不同的本体论，这种起源生发于向死而生的不可避免性和悲剧性、嬉戏玩耍的生命性、宗教的神圣和性爱等，其规划的所有层面都由集体所从事和维系。而在新资本主义社会中，作为具体的人已被抽空，死亡也不再对生命有意义，由此而形成的各种庆典不是遭到批判就是徒有形式，游戏（Play）被无所事事（Leisure）所代替，宗教的神圣性被商品拜物教所掩盖，性爱变成了仅仅是生殖性的。在城市区域中，资本主义政治权力必然要贬低神圣性，从而顺利地推行其"理性"的规划。

因此，在资本主义体制下，规划不可避免地要对功能进行等级化和分裂，对空间进行同质化和抽象化，使日常生活极端的商品化和惯例化，最终对其规划的商品进行消费。这种对抽象空间生产的规划是在全球尺度上展开的，而需求、功能、场所和社会目标被置于一个中立的、客观的空间中。在表面上规划所做的工作是企图对城市的不规则扩展进行控制，并为居民生产出各种空间，但其结果是这些居民在对通勤、工作和睡眠的追求中趋向了一种毫无差异的一致的生活。作为一种技术工具而出现的现代城市规划，通过控制、管理时间和空间的爆炸，进而控制和管理具有高度差异性的日常生活。㉔

尽管如此，在列斐伏尔批判资本主义的规划和其意识形态的符码时，并没有拒斥为都市生活制定出一套规定和安排的必要性。他所要分清的是在资本主义体制下，在其利益或交换价值最大化的驱动下，规划是如何将日常生活的不同方面进行分离，从而找到重新恢复日常生活差异性和统一性的可能。

　　资本主义对空间的征服和整合，已经成为社会赖以维持的主要手段。由于空间带有明显的消费主义特征，因此，空间把消费主义关系的形式投射到全部的日常生活中。消费主义的逻辑成为社会运用空间的逻辑，成为日常生活的逻辑。社会空间不再是被动的地理环境，不是空洞的几何环境或同质的、完全客观的空间，而是一种具有工具性的、社会的产物，是一种特定种类的商品生产。空间成为消费行为的发源地，是大众媒介和国家权力等社会关系的生成物。对空间生产的规划和控制，就等于控制了生产的群体，并进而控制了社会关系的再生产。更重要的是，社会空间被消费主义所占据、割裂，并以匀质性面貌成为权力的活动中心。同时消费主义也开启了"全球性空间"生产的可能性，而对差异性的普遍压制转化成了日常生活的社会基础。

五、社会政治理论的重构

　　在列斐伏尔看来，整个 20 世纪的世界史实际上是一部以区域国家作为社会生活基本"容器"的历史，而空间的重组则是战后资本主义发展以及全球化进程中的核心问题。列斐伏尔批判了将空间仅仅看作是社会关系演变的静止"容器"或"平台"的传统社会政治理论，指出空间是在历史发展中产生的，并随历史的演变而重新解构和转化。列斐伏尔的空间分析理论旨在揭示资本主义条件下社会关系的三个特殊层面：

　　第一，列斐伏尔将空间看作是社会行为的发源地，空间既是一种先决条件，又是媒介和资本主义社会关系的生成物。列斐伏尔的"生产"概念，有别于经济学中被简约为工业资本主义劳动过程的观点，他认为在资本主义条件下，空间的生产表现为它对相关行为强加上某种时空秩序，具有束缚主体自由的功能。

　　第二，社会空间是资本与区域国家所产生的都市化建设环境与组织—机构基础下的"第二自然"，资本和区域国家的空间实践残酷地将使用价值得以实现的日常生活领域同一化并试图摧毁之，而全球化实际上是一种与资本主义相关的各种形式的社会空间组织在世界范围内的扩张与相互交织。

　　第三，社会空间是空间等级或规模(全球范围、国家范围、都市范围)的支架，在其之上，资本主义持续不断地进行区域化、非区域化以及重新区域化的过程。总之，无休止的资本积累的空间实践目前已经成为整个世界的发展框架，对当地资本主义的充分理解只有将其摆在全球范围内才有可能。不过，尽管全球化趋势在日益强化，但是社会关系的很多重要方面依然具有区域性，"次全球空间"已经成为全球化过程中的内在组成部分。

列斐伏尔的空间分析理论划分了三个层面空间：全球化空间、都市化空间与国家化空间。资本主义的开启与压制只有在全球范围内才能够实现，而资本主义的全球性促成了空间的生产，并形成了一个转化了的日常生活的社会基础，它产生了大量无法解决的矛盾，并最终导向资本逻辑以外的另类形式的空间实践，例如在当代工业化国家中，工人既不愿意选择为无休止的成长与积累拼命，又不热衷于通过暴力消灭国家，而是希望工作本身消亡。列斐伏尔认为，20世纪资本主义发展的特征在于世界范围内工业社会向都市社会的转变，资本主义工业化进程对都市空间不断进行重构，而都市化是资本建立其稳固基础的必然要求。同时由于城市同样是日常生活、使用价值消费以及社会再生产的场所，作为区域性的具体地点，它是全球化矛盾最突出、最尖锐的地方。因此，所谓都市革命实际上包含着差异之间的生产、空间之间的吸纳与兼容以及对自由时间的争取。最重要的是，只有在都市的背景下，与资本主义体系相对立的"反空间"才能够生存、被捍卫，并最终得以发展。正是从这里，即从这种所谓的城市的"空间缝隙"中，列斐伏尔看到了一种新的政治的出现。

城市不仅代表着地域与全球之间的中介，而且不断成为政治斗争和社会转化的场所。这种新的斗争形式包含少数民族、妇女以及其他的社会弱势群体的联盟，这些政治斗争对现有的权力压制构成了真正的威胁，因为它们不再具有人为设定的意识形态的纯洁性，并且蕴涵着生成异质空间的潜在性。[25]

六、从城市理论到城市实践

在1968年的学生运动中，列斐伏尔注意到日常生活的城市条件对于革命运动的制约和影响，对这一问题的研究又使他更进一步意识到空间的生产。他将城市看作是充满生机的自由的日常生活的巨大的希望，并从1968年到1974年，出版了七部关于城市化和空间生产问题的著作。

城市是资本主义矛盾最激烈的场所，一方面，它揭示了理性化和同一化过程的无情专制，政府的城市规划就是这种专制的最清楚的显现；另一方面，城市凸显出由私人资产所造成的巨大的碎裂和分化。在列斐伏尔看来，资本主义本身是无力解决这种本质矛盾的，这也是使城市生活重新焕发活力的契机。他在《城市的权力》(The Right to the City)[26]一文中的宣言(正好在1968年五月风暴之前)也就成为社会变革的一个行动纲领。

在该文中，列斐伏尔谴责了最近法国新城和周边地区的发展缺乏社区感和认同性，呼吁改变大型的城市、中心区、街道生活和居住区的构成，倡导有更多的自发性的机会。他相信，将城市看作是群众集体创造的作品，看作是人类正在进行的多样但又统一的创造性活动是非常必要的。他对象征性的纪念碑和公共空间极为欣赏，但谴责虚假的，如画（Picturesqueness）和怀旧风格。受康斯坦特的启发，他提出一种多功能（Multifunctional）和超功能（Transfunctional）的空间和建筑计划，它将产生新的城市接触和交往形式。

由于列斐伏尔始终提倡理论结合实践，因此他同时与建筑师和学生一起致力探讨一种新的城市化的可能性。作为巴黎第十大学城市社会学研究所的主任，列斐伏尔不仅领导了由法国政府资助的城市研究项目，[27] 同时还积极地与建筑师一起参与各种设计和竞赛。在 1960～1970 年，他在建筑专科学校（Ecole Speciale d'Architecture）开设课程和讲座，其思想和言论成为学生拒斥"布扎"（Beaux Arts）传统的宣言。在 1970 年，他与建筑历史学家创办了杂志《空间与社会》，但由于他对教条主义不妥协以及对空想主义者的拒斥，不久便离开了这份杂志。在 20 世纪 60～80 年代的 20 年中，列斐伏尔的活动和写作对法国的城市政策的制定，导致城市中心的复苏计划的制定，创造更为民主的新城市运动巨型综合体的改造以及在类似 Creteil 这样的新城的集体性空间的创造都起到了重要的影响。但是列斐伏尔很少对这些结果感到满意，他认为这都是政府的开支和有限的想象之间不可避免的妥协。他仍然认为城市转化要具有更多的诗意和实验性。

列斐伏尔日常生活的概念对法国最重要的影响毫无疑问的是 1968 年的"红五月事件"。他在南特大学给上千名学生开设的社会学讲座，给予了年轻的一代巨大的行动力量。更重要的是，列斐伏尔长期对日常生活系统化的批判以及社会转化的设想，给予了学运中各种离经叛道的组织以形成自己宣言的思想框架。列斐伏尔对体验、节庆式的日常生活以及在所有存在领域解放的关注，都是快乐时光出现的根本，这似乎短暂地实现了其对集体性、社区性、自发性和游戏的设想。

尽管"五月风暴"的失败是必然的，其对变革的诉求也很快就被新的系统和官僚政治所吸收，但是 1968 年标志着法国社会民主化的一个重要的转折，并且还带来了一系列新的冲突和潜在性。在有些方面，1968 年显现了列斐伏尔日常生活概念的力量，同时也显现出了其局限性。从积极的方面说，"五月风暴"显示了日常生活作为社会变革力量的重要作用，显示了例如广告、摇滚音乐、标语口号和媒体参与的必要性，显示了打破阶级界限、功能划分以及少数民族居住区的划分，而形成一种欢乐和交往的新的形式的可能性。从消极的方面说，"五月风暴"揭示了一种开放的抵抗系统化模式的困难。

事件的参与者竭力推行变革并取得了某种程度上的成功，例如使巴黎美术学院非中心化，许多系和专业分散到其他的院校中。尽管快感非常短暂，然而个人和社会解放的设想进入了大众意识，它对社会风尚、女性实践、家庭生活、阶级冲突、性别和种族问题的改变以及在随后的十年中新的政治力量的出现都作出了贡献。在文化范围内，"五月风暴"就像列斐伏尔的日常生活概念一样，模糊了高雅文化和通俗文化、前卫的侵进和大众的愉悦之间的界限。

七、结语

对列斐伏尔的阅读，有必要沿着其思想的空间化历程，进入与列斐伏尔的真正对话中，这种对话可以看作是自我反思的一种空间化的尝试，而反思是列斐伏尔在其思想和实践中贯彻始终的。当然，这并不意味着我们能够达至其思考的深度和广度，但这种对话和反思却能够保证对列斐伏尔的思想(特别在城市层面上)是如何展开的进行正确评价和理解奠定了基础，否则就会失去列斐伏尔思想的丰富性、知识的严密性和历史的纵深感。

当然，有学者，如美国城市学家曼纽尔·卡斯特尔(Manuel Castells)批评列斐伏尔的空间和城市理论是一种以形而上学为基础的分析理论，对城市社会的许多决定性因素的认识过于抽象化，从而阻碍了城市空间研究的科学突破。但笔者认为，列斐伏尔并不是要抛弃科学式的研究，而是要使空间研究具有现象学的维度，并重新立于存在论基础之上。因此，在这个意义上，卡斯特尔对列斐伏尔的批判就显得有点偏颇和不得要领了。

注释

① 尽管有学者认为由于曼纽尔·卡斯特尔(Castells)对列斐伏尔的批判在很大程度上阻止了列斐伏尔进入英语世界，但更为客观的原因是其主要著作在20世纪90年代才被译成英文。

② 爱德华·W·索加. 后现代地理学. 北京：商务印书馆，2004，73.

③ 这一思想同样也受到了天主教神秘主义思想的影响，并构成列斐伏尔乌托邦思想的基础。

④ 尽管在很大程度上认同萨特的思想，列斐伏尔还是对处于鼎盛时期的萨特和存在主义进行了恶意的攻击。他嘲笑萨特等哲学家，认为不如将他们对本体论或宇宙论的论述留给诗人和音乐家。

⑤ 包亚明. 现代性与空间的生产. 上海教育出版社，2003，10.

⑥ 关于日常生活与建筑的问题可参见2004第8期《建筑学报》中"日常生活批评与当代建筑学"一文。

⑦ 从列斐伏尔1947年出版《日常生活批判》第一卷至1972年"日常和日常性"发表，其关于日常生活批判的思想发展了近30年，也可看出这一思想

在列斐伏尔的思想中贯彻始终。

⑧ Henri Lefebvre, Everyday life in the Modern World. Tr. Sacha Rabinovitch, Lodon, 1971, 14.

⑨ 汪原. 日常生活批评与当代建筑学. 建筑学报. 2004, 8.

⑩ 列斐伏尔认为日常生活并不是一般意义上的日常生活，而是现代世界中的日常生活。因而他特别强调前现代社会的日常生活与现代社会的日常生活的不同，并通过强调这二者的差异来揭示现代社会的日常生活的根本特点。

⑪ 尽管德·塞图深受列斐伏尔的影响，但德·塞图在很大程度上忽略了日常生活的单一性和专制，强调掌控情境和创造自治的活动领域，将其称之为对抗规训的系统的个体能力。

⑫ 列斐伏尔并没有认识到乡村节日同样可以被系统化，而米兰·昆德拉在《玩笑》中对已经高度意识形态化了的乡村庆典进行了辛辣的讽刺。

⑬ Henri Lefebvre. The Production of Space. 181.

⑭ Henri Lefebvre. The Production of Space. 26.

⑮ 参见《新建筑》2002/1，"《空间的生产》和空间认识范式转换"一文。

⑯ 同上。

⑰ 列斐伏尔的空间本体论带有较强的海德格尔色彩，而且深受其早期的日常性(Everydayness)概念的影响，但他同时又批评海德格尔关于意识的纯粹现象学观点和悲观主义，批判海氏对人的思考脱离了历史和城市。

⑱ Henri Lefebvre. The Production of Space. 7.

⑲ 包亚明. 现代性与空间的生产. 上海教育出版社，2003, 106.

⑳ Henri Lefebvre. The Production of Space. 117.

㉑ Henri Lefebvre. The Production of Space. 282.

㉒ Henri Lefebvre. The Production of Space. 227.

㉓ Jonathan Hughes & Simon Sadler. Non-Plan. 86.

㉔ Jonathan Hughes & Simon Sadler. Non-Plan. 87.

㉕ Henri Lefebvre. The Production of Space. 166.

㉖ Henri Lefebvre. Writings on Cities. 147.

㉗ 在1960～1970年，法国许多著名的社会学家和哲学家如福柯、德鲁兹等都承担了由政府资助的关于城市问题的研究。在这段时间中，城市社会学比其他的社会科学获得了更多的资金，这在很大程度上推动了城市社会学法国学派的发展。

"异托邦"对当代建筑学的启示

　　福柯无疑是当代最有影响力的哲学家之一。纵观现代历史，任何一个思想家都没有像福柯那样对哲学、历史学、社会学、文学和文学理论乃至医学产生了如此大的影响，德勒兹甚至认为这个世纪将被称作"福柯时代"，那么处于"福柯时代"的建筑学以及与空间相关的学科也不可避免地受到福柯思想的影响。实际上，从福柯参与建筑师的讨论以及专门就建筑和城市问题所进行的访谈，① 清楚地表明了福柯思维的触角已经伸向了建筑领域。

　　1984 年，在福柯去世的短短几十天前，德国柏林展出了福柯早年的一批讲稿，其中包括 1967 年 3 月在巴黎应邀出席建筑师组织的专业研讨会上的演讲。此前，该演讲稿一直没有公开过，因此并未列入福柯的正式作品中。在福柯去世数月后，法文建筑杂志 "Architecture-Mouvement-Coutinuite"（Octber 1984）以 "Des Espaces Autres" 为题刊载了讲稿的全文，随后，著名的建筑杂志 Lotus Internation（48/49，1985/1986）以 "Other Spaces: The Principles of Heterotopia"（他空间：异托邦原则）为题刊载了英文版。

　　在这篇演讲中，福柯首先概述了西方思想的演变，并对西方思想中的空间史进行了回顾：他指出，在 17 世纪，伽利略用一种无限开放的宇宙取代了中世纪的封闭宇宙；在 19 世纪，人们热衷的是周期性的危机概念，并参照热力学第二定律来编织这种关于危机的神话；到了 20 世纪，人们主要关心的是空间组织概念，例如结构主义就是在确定的空间表面上将时间进行分布的一种尝试。随后，福柯向与会的建筑界人士阐述了一个重要的概念，即"异托邦"（Heterotopia）。②

　　对于福柯来说，乌托邦和"异托邦"之间的关系就好像从侧面观看镜子，一方面在镜中虚拟的、非真实的场所中"我"看见了自身，但镜中的"我"只是虚幻的、非真实的存在，即"我"处于一种缺席的状态，这就是所谓的乌托邦。与此同时，镜子又是一个真实的、反向的空间，在该空间中，根据"我"所处的位置发现了"我"的缺席，因为镜中的"我"看见了"我"的真实自身，从而在镜中实现了对"我"真实自身的返回和自身的重构，这就是所谓的"异托邦"。

　　巴什拉和空间的现象学家开启了对内在空间的"异托邦"的研究视野，如人的感知空间、梦和情感的空间，但这并不完全是福柯所思考的问题，对于福柯来说，"异托邦"所代表的是我们生活的空间，是将我们从我们自身中提取出来的空间，是我们的生活受到侵蚀、我们的时间和历史得以发生的空间，是一种令人苦恼但又无法摆脱的空间。对"异托邦"传统形式的描述，如经验几何学和有关的空间科学等，都会忽略和掩盖"异托邦"的意义以及"异托邦"与所有其他真实场地之间赋有启迪性的张力和矛盾。由于这些异类空间和场所常常被过分强调经验的晦暗性和观念的明晰性这种思维方式所遮蔽，为了寻找和发现这种隐藏的和赋有启发性的人类地理学意义，就必须通过不同的分析方法和不同的解释模式，福柯即兴地称这种分析方法或解释模式为"异质拓扑学"(Heterotopology)，并概括了"异质拓扑学"的主要特征。

第一，我们可以在任何文化和人群中发现"异托邦"的存在，虽然它们具有各种形态，并且任何一个形态都不具有普遍性，但福柯仍将"异托邦"宽泛地划分为两大类：第一类存在于所谓的原始社会中，是由具有特权的、神圣的或禁忌的场所组成，这类场所用于那些认为自己处于危机状态下的个体，如青少年、老人以及处于月经期的女性等，他们出于对其生活的社会和环境的尊重而停留于这些场所中。第二类存在于我们自己的社会中，如沿袭19世纪形制的寄宿学校、兵营(在这些场所男性青年可以远离家庭而具有第一次性体验)、火车和蜜月旅馆等(是女孩初夜的场所，反映出"异托邦"并不具有地理学的坐标)。这些处于危机状态下的"异托邦"在当代社会中已消失或被其他形式所替代，如精神病医院和监狱，这些场所拘禁偏离了社会通常行为标准的那些人。福柯甚至将老人福利院也包括在其中，因为老人的行为已偏离以愉悦为准则的社会。实际上追述这两类"异托邦"之间历史的、现代化的转化几乎构成了福柯的主要工作。

第二，根据文化的共时性，"异托邦"随时间的变化其功能和意义也发生变化。例如墓地，直到18世纪末，墓地仍位于毗邻教堂的城市中心，并始终与灵魂的不朽和再生联系在一起。为了改善城市的健康以及倡导死亡的个体化，墓地随后被移至郊区，从而使每一个家庭都在"另一类"的城市中拥有了安息的场所。因此，每一个"异托邦"都具有一种赋有启示性的系谱和地理学因素。

第三，"异托邦"具有在某一真实的场所中并置多个异质空间的能力，而这些异质空间本身也是不一致和相互陌生的。其中，福柯考察的是各种空间会聚和交织的场所，它们类似于戏剧的方形舞台、电影屏幕和东方的花园(古代的波斯花园即被设计为现世总体性的代表)。正是空间中差异性的复杂并置和世界的同时性，使"异托邦"充斥了社会和文化的意义和联结性。没有这种充斥，空间将沦为固定的、僵死的、稳定的和非辩证的。

第四，"异托邦"与片断性的时间有着特别的联系，鉴于术语的平衡，福柯称之为"异时间"（Heterochronies）。这种空间与时间的交会以及空间的时段化，使"异托邦"在一种有迹可寻的地理学意义中发挥着充分的效用。在现代世界中，许多特殊的场所就记录了时间和空间的这种交会，如博物馆和图书馆就是无限积累的时间的"异托邦"，博物馆和图书馆即显现了外在于时间自身的场所，它试图将所有时代和事件会聚在一个空间中。还有在时间上更短暂和不稳定的空间，例如用于节庆的场所、露天集市和度假村等。透过更为迪斯尼化的世界，福柯看见了空间和时间这两种形态在简练的、有漂亮包装的环境中不断地会聚，这种环境似乎既对时间和文化进行废除，又对它们实行保留，既体现出暂时性，又折射出永久性。

第五，"异托邦"始终预设了一个开放和封闭的系统，这种系统使得"异托邦"既被隔绝又可进入，进入和离去是以多种方式实行控制的。例如监狱和军营，人们并非出于自己的意愿而进入这些场所，因此体现的是一种强制性。如土耳其浴室和斯堪的纳维亚的桑拿室沐浴净身所具有的仪式性。与此相对的是具有更多开放性的场所，如巴西的一些传统住宅，任何过路的人都可推门进入房屋甚至留下来宿夜。尽管这类住宅形式在西方文明中已经消失，但为成年人提供自由、率直的性爱行为的美国汽车旅馆具有类似的性质，当然这一特殊的空间中强加了微妙和精细的范围限定。在上述场所中，对"异托邦"在场和不在场的监视以及行为的划分和内与外的定义等，使"异托邦"具有了领域性的品质。这种对开放和封闭所实行的控制暗示着权力和惩戒技术的运用。

第六，"异托邦"具有与所有的空间发生联系的功能。在每一种人类栖居的环境中，栖居者被强调幻觉和错觉的同时性愉悦所困惑。换句话说即一方面"异托邦"创造了一种虚幻的空间，从而揭示出所有的真实空间是如此的虚假，所有生活中的场所是如此的碎裂；另一方面，它又形成另一种真实的空间，在这种空间中所呈现出完善的、谨慎的和精心并置的状态。

尽管福柯在《他空间》中没有对"异托邦"的实质性内容进行深入的论述，而只是简单地提出了非连贯性的"异托邦"这一概念，但这一看似不够严谨的做法仍然给予了我们丰富的启示。

首先，需要指出的是，对于福柯来说，不能简单地认为建筑代表着权力，或认为建筑能够具有内在的政治意义和功能，而应该将建筑看作是实践社会关系的一种技术。正是这种在空间上建构和形成的技术，使"权力"得以有效地扩张，同时也形成了对"权力"的反抗。笔者认为这是我们就建筑问题进行"福柯式"思考的基础。

根据比尔·希利尔（Bill Hiller）观点，③ 只有在人的物质化的建造活动即建筑（Buiding）上升到对空间进行组合时才出现了建筑学（Architecture）。它所反映的是对行为模式的控制、对生产设施的场所的组织或是对人群活动的分配以及对空间形式的意指等，从而在建造活动的基础上体现了人的精神化的求知活动。作为一个纯西方的学科术语，建筑学这种建立在理性主体观念基础之上的求知活动有其自身的概念体系，如陈述对象、陈述类型和具有等级的概念群等，同时这也构成了建筑学知识生产的组织原则，并规定了建筑学知识的组成部分、思维路径和解释方式，特别是自启蒙运动以来，建筑学在与几何学和数学等的结盟中使之成就为一门具有严密、精确和高度客观性的空间科学。但福柯对理性主体的质疑（福柯认为主体观念是意义惟一起源这一事实只是一种幻想，它产生于支配所有思想和语言的深层构成规则，而意义也只不过是话语构成思想的副产品），使我们对建筑学这一求知活动的表述方式和思想方式的合法性产生怀疑。而且，当将建筑学的知识体系运用于对中国或非西方意义的建筑问题进行思考时，就更加深了这种疑虑。因为从传统科学史层面上看，建筑学同样赋予纯粹理性的话语以优先权，尽管它在本质上并不排斥依赖于经验的、少体系化的、师徒传授的知识形式，但处于理论层面的建筑学和处于实践层面的中国古建筑活动始终不在同一层面，因此我们根据比例、尺度、体量、均衡和色彩等纯西方的建筑学术语来分析中国古代建筑，并进而得出中国古代建筑不亚于，甚至比西方同时代的建筑更为杰出的结论岂不令人可笑。

博尔赫斯的作品中对"中国百科全书"的引用可以视为各种相互陌生的、概念化方式的一个象征，是各种整理事物体系不可通约的一个寓言。正是通过这一思想体系的奇异魅力，启发了我们对潜藏于定义了什么是可以思考、叙述的以及什么是可以认识的体系的基本界限中的疏漏、例外和怪异进行详查和质疑，体现的是一种认为空间体系的秩序实际上在我们根本不清楚它所预设的最初的总体性中是主观的、任意的这样一种思想，因此为我们提供了一种重新考察建筑学或建筑历史的思想基础。例如将大量"不入流"的建筑纳入研究的视野，实际上弗兰普顿（K. Frampton）已经意识到《现代建筑———一部批判的历史》的问题，因此，弗兰普顿觉得应该向世界范围内从事建筑的手工业者道歉，因为他并未将由手工业者建造的大量普通的建筑纳入其历史的视野。对建筑师零星的草图或文件纸片，建筑师在非特殊环境中的对话以及匆忙记下的笔记等进行研究，所有这些痕迹都界定了建筑的话语，普菲里欧斯（Demetri Porphyrios）将这种研究称之为建筑的"或然性研究"，在或然性中所有的问题随时随地都可能出现。④ 对长期沿袭下来的师徒传授的建筑教育方式的研究，其中首先必须研究的是在授课过程中，谁在说话？例如在美国匡溪艺术学院建筑系中，所进行的并不是关于建筑真理知识的所谓传授，而是师生共同对建筑的体验，是来表述自己对建筑的认识，因此这种对建筑学的研究意味着不同知识形式之间的边界被重新划定，一般被认为与建筑毫无关联的事物现在被发现是有联系的，如摄影、文学等。建筑历史再也不是关于年代学的问题，不再根据风格、主题、意识形态、建筑大师或建筑杰作进行历史分期，它应该以建筑历史自己内在的、相对偶然的构成规则来加以研究。也就是说，应该对在某些关键时刻发生跨学科的激进变化进行研究，基于对零碎的、断裂性的所谓建筑"物事"进行知识的分类、整理，对其意指的概念和范畴进行分析。我们或许可以将这种研究称之为"建筑学考古学"。

对"异托邦"这一术语的使用见诸于西方的各种评论，特别是后现代主义建筑和文学理论中。在卡尔维诺的《看不见的城市》中，我们也能清楚地体会到"异托邦"的存在，尽管在卡尔维诺的描述中，"异托邦"的不可能性被描述为一种既反乌托邦又反语言空间的结构。意大利威尼斯建筑学院还曾就福柯的思想和"异托邦"理论进行过专门的研讨会，一些著名的建筑理论家如塔夫里（Manfredo Tafuri）、泰索特（Georges Teyssot）等都参与了研讨，研讨会的部分内容曾发表于 A＋U 等多家建筑杂志上。

在许多评论中存在着对"异托邦"简单加以引用的倾向，在一些关于当代建筑学的评论中，"异托邦"成为了各种无中心结构或一种后现代多元性的随手可用的标记，被简单地当作主流建筑学的一种"他者"或为了获得外在和超越主流建筑学的一种标记。这种简单化的倾向，不仅回避了福柯所关注的连续性问题，同时也丧失了"异托邦"所具有的零碎、瞬时、矛盾和转化的力量，忽略了"异托邦"对空间系统的连贯性和总体性的界限提出的质疑和破坏。

如果说"异托邦"的思想过于理论化，那么澳大利亚艺术家 Denis del Favero 的环境装置就是"异托邦"思想的一个典型图解。该装置位于悉尼的地铁站上，由访谈、广播、图像、文本和声音作品多种形式组成，它通过了一种对地铁空间的大胆的使用，即将地铁空间作为与问题发生关联的场地。这一作品的重要性在于它考虑到了"异托邦"，即现代地铁系统的非场所在本质上是一种与监视和控制的惩戒模式相联系的权力的增长。在这一层面上，整个装置的最有趣的是录音带所播放的声音反复被地铁警察的叫喊声所打断，而这些叫喊声并非出于什么安全原因。由于以媒体、艺术、体验、表征和实践交织在一起的形式包含了各种知识的展示，这些装置立刻就成为各种知识发生关联、置换和矛盾的场地，因而能将不确定性置入既有的空间秩序中，通过临时影响被人们认同的、定义和限制了的秩序关系，依次产生出动摇这种秩序的根本力量。因此，该装置不仅迫使我们面对和思考暗含于习俗、日常生活、行为、感知以及集体空间体验中的理所当然的秩序，并使我们认识到社会空间的多义性和争议性，它由一些仍然不甚清楚的或从未梳理过的结构组成，而且这些结构又必须始终处于质疑、争斗、改变中。

该作品不仅捕捉到了意象、意识形态和权力的一种无法预期的联结，而且体现了对不断增加的功能主义、不断复制和电子化控制的空间体验的质疑(这种体验几乎构成了全部后工业时代的城市生活)，从而为人们提供了空间诠释的新的视野和基础，并可用于对任何真实场所的诠释中。

注释

① 保罗·拉宾诺(Paul Rabinow)为建筑报刊 "Skyline"(天际线)对福柯进行了关于建筑问题的访谈(Skyline，March 1982)。

② 莫伟民先生在《词与物》的中译本中根据法文将 "les heterotopias" 译为 "异位移植"。

③ 比尔·希利尔(Bill Hiller)在 "The Social Logic Of Space"(《空间的社会逻辑》)一书中对空间组合的思想进行了详细的论述。

④ 普菲里欧斯的 "或然性" 研究并未受到人们的重视，邹晖在 "比较的建筑史观" 一文中曾有所论述，参见《建筑师》第 68 期。

参考文献

[1] 米歇尔·福柯. 词与物. 莫伟名译. 上海三联书店.

[2] 米歇尔·福柯. 知识考古学，解强，马月译. 北京三联书店.

[3] 迪迪埃·埃里蓬. 权力与反抗——米歇尔·福柯传，解强，马月译. 北京大学出版社.

[4] 卡尔维诺. 卡尔维诺文集. 张洁译. 译林出版社.

[5] K. Michael Hays. Architecture Theory since 1968. The MIT Press.

[6] Sophie Watson & Katherine Gibson. Postmodern Cities & Spaces, Blackwell Publishers Inc.

[7] Lotus Internation(48/49, 1985/1986).

"日常生活批判" 与当代建筑学

　　自从 1968 年 "五月风暴" 以后，西方人文和社会学科的理论范式发生了根本的转换。随着逻辑学、语言学、文学批评等理论模式不断引入建筑学，建筑话语也与 1968 年以前的有了明显的区别。到了 20 世纪 80 年代中期，结构主义和其派生的思潮，特别是后结构主义迅速取代了各建筑院校中的其他理论学派。作为一种可在教学上进行文本分析的有效技巧，结构主义能够在纯粹的形式层面上展开，而这种思想模式和教学模式的流传，致使在 20 世纪 90 年代，形式问题几乎占据了建筑话语的中心地位。

　　结构主义和其派生的思潮占据主导地位，不仅使建筑话语从对消费社会的强烈的意识形态批判中转移出来，消解了建筑的社会和政治野心，而且建筑作品的文本式阅读以及形式的自主性趋势加剧了建筑与生活经验的疏离，使得建筑逐渐演变成一种纯粹的形式游戏。对此，法国哲学家亨利·列斐伏尔进行了猛烈的抨击。他认为："当由文本组成的符号应用于建筑和城市空间时，人们便不得不停留在纯粹的描述层次。任何试图应用符号学的理论去阐释社会空间的企图，都必须确实地将空间自身降至一种信息或文本，并呈现为一种阅读状态，这实际上是一种逃避历史和现实的方法。"① 他认为结构主义是技术理性在知识范围内的扩张，并提出要以日常生活的思想来抵制结构主义及其派生思想对建筑话语的全面入侵。

一

　　由于列斐伏尔思想的辩证性和对任何静态分类的拒斥，使其关于日常生活的概念较为晦涩难懂。概括地说，这一概念最根本的是 "真实的生活"，即衣服、家具、家庭、邻里和环境等日常的物质性生活，是 "此时此地" 的非抽象的真实。列斐伏尔认为日常生活赋有一种 "生动的态度" 和 "诗意的气氛"，② 并指出在日常生活的本质特性之中内含了丰富的矛盾：当其成为哲学的目标时，它又内在地具有非哲学性；当传达出一种稳定性和永恒性的意象时，它又是短暂的和不确定的；当其被线性的时间重复所控制时，它又被自然中循环的时间更新所弥补；当无法忍受其单一性和惯常性时，它又是节庆的和嬉戏的；当其被由技术统治的理性主义和资本主义所控制时，它又跳出和僭越这种控制。

与福柯等结构主义哲学家的思想所不同的是，列斐伏尔不仅分析了强加在日常生活上的专横与控制，而且还探讨了自由、愉悦和多样性，指出这些因素不仅存在于那些非常规的和非固定的场所中，而且还存在于最普遍的日常场所中。列斐伏尔所关心的不仅是对潜藏在规训技术背后之权力的揭示，而且还试图揭示规训技术是如何减弱了社会对权力的抵抗。他强调不要将消费单单看作是一种消极的、否定的力量（左派的思想），而要将消费场所看作是一种自由的、具有发明和创造性的生活场所。总之，列斐伏尔这一思想是对愉悦的强调，是对感观意象的强化，是将自由的和具有积极意义的过量消费看作是对强加在日常生活上的单一和技术控制的反抗。因此，与传统对立的"他者"或另类并不是超出日常生活以外的那些要素，例如断裂、超越和差异性等，"他者"或另类实际上就潜藏于日常生活当中，他们是大众化的而不是所谓前卫的。因此，从对人类生存环境思考的初衷来说，列斐伏尔与那些前卫们并不矛盾，但与企图将文本和建筑学的复杂性视为新形式突破点的前卫们所不同的是，列斐伏尔将乌托邦思想与生活的愉悦和嬉戏的快乐结合在一起了。

二

建筑师对列斐伏尔思想的兴趣主要源于对先锋主义的自负和逃避以及对英雄主义的厌恶和拒斥，他们赞成建筑应与人的日常生活和环境有着更敏感的结合。实际上这种对日常生活的强化，甚至对消费愉悦的欣赏，对于建筑学来说并不是全新的东西。早在20世纪60年代末期，建筑理论家布朗和文丘里、斯密森（Peter Smithson）、雅各布斯以及情境主义（Situationists）和独立组织（Independent Group）都在不同程度上对日常生活进行过研究和阐述，甚至将其作为设计的根本策略。

受列斐伏尔的影响，情境主义提出了一套极为复杂的、长期的先锋性实践，其中包括对日常愉悦的强调，对感官运用的随机性和各种感官的范围重新进行研究，以及"对日常生活"实施解放的计划。在这些实践和计划中，情境主义不仅提出行动、情境、环境等概念和术语以期对世界进行转化，而且还制定了其主要的策略，即"derive"（字面上理解为飘流——即一种在城市中漫无目的、无计划的漫游和飘浮），从而开启了对现存城市空间环境研究的全新视角。在居伊·德博尔（Guy De-bord）[②]1959年出版的《记忆》（Memories）一书中，德博尔（Guy De-bord）通过蒙太奇式的引用，试图倡导对环境的新的感知方式（图1）。在对城市中偶然相遇的瞬间和日常生活场所如街道、咖啡馆、酒吧等的研究中以及对大众文化潜在的要求和技巧的研究中，表述出了一种更容易理解和真实的"异托邦"。情境主义既抨击资产阶级的艺术（高雅的现代主义），也攻击早期先锋主义运动，对未来主义的技术观、对超现实主义虚假的超然和杜尚的戏谑提出了明确的批判。但就像他们的前辈们一样，情境主义对愉悦的幻想充满了男权至上的思想，因此在类型的划分上情境主义忽略了家庭、儿童和再生产等问题，实际上也就忽略了女性这一重要的社会因素，再加上情境主义对性、放荡、暴力、施虐和疯狂持有一种极为幼稚和肤浅的偏好，致使情境主义的力量更多地在于摧毁而不是建构。

在情境主义阵营中，荷兰画家和建筑师康斯坦特（Constant）的几个建筑方案所体现出的审美幻想是最激动人心和具有感召力的。尽管在这些方案中预示了许多解构主义的形式语言，但康斯坦特的提案具有明确的建构性（其建构性可能来源于与列斐伏尔更多的接触）。在"新巴比伦"的设想中（图2），康斯坦特提出了一种共享的社区和对社区空间节庆式的使用。尽管康斯坦特所致力的是一种游戏式的后革命社会，并试图在对情感的重新制造中带有特殊的行为主义含义，但"新巴比伦"所具有的不确定性消除了私密性、家庭性、社会责任以及对地域性的忠实，因此，情境主义飘流（Derive）的策略在康斯坦特的建筑图式中被简化为一个诱人的"吉普赛营地"。

图1　1957年居伊·德博尔与乔恩合作绘制的具有蒙太奇效果的心理认知地图

图2　荷兰建筑师康斯坦特设计的"新巴比伦"社区空间意象

在伦敦的"独立组织"（Independent Group）则是一个在思想上较温和的艺术团体。他们并不公开宣称革命，与哲学也无大的关系，但该团体却对绝大多数人的日常生活体验有着强烈的把握。与情境主义的肆虐和狂热相反，"独立组织"的参与者对工人阶级和低收入家庭以及商业生活的日常状况极为关注。他们采用美国的大众文化来阻止战后英国的衰败和现代主义抽象的贫乏，并对大众文化的某些方面如广告特别感兴趣，而这种大众文化在现代主义运动初期为人们所忽略。用机器时代的生产意象作为新形式的突破点是斯密森（Peter Smithson）在1956年的宣言中的基本立场，即：现代主义第一代大师们更多地受机器时代的产品如飞机、仓库等启发，而我们今天则要更多地从广告中得到灵感。

斯密森(Peter Smithson)的建筑明确地体现了对前卫的、精英主义式的思想的批判。尽管现代主义运动初期有着"乌托邦"式的理想，但到20世纪50年代，现代主义所代表的风格上的形式主义和抽象的功能主义已经远离了人的实际需求。斯密森的作品之所以受到推崇并不是因为其主张打破现代主义的传统从而具有的边缘性，而是他一直坚持平常的和现实主义的态度，坚持将住宅、街道、游戏场地看作是要满足实际需要的日常生活场所(图3)。

而布朗、文丘里则更明确地提出要以消费主义文化来打破现代主义的教条。在他们20世纪70年代的各种著述和展览以及教学活动中，均暗指了现代主义建筑以及福柯的"异托邦"忽略了诸如超市、快餐店等中下层人的生活场所。在《向拉斯维加斯学习》一书中还涉及了蜜月旅馆和赌场，但与福柯在"异托邦"中所枚举的那些特殊环境相比，这些场所或空间的差异性和陌生性并不占主导地位，它们始终是日常体验的一部分(图4)。

图3 斯密森夫妇以现有材料的拼贴来表现的高层住区方案　　图4 拉斯维加斯的广告和建筑

在布朗的思想中，人们常常忽略其对潜在于现代主义建筑以及这一行业中男性崇拜的最尖锐、最智慧的批判。在《向拉斯维加斯学习》一书中，作者将现代主义运动概括为"英雄式的和原初的"、"暴力的和危险的"、"30岁以下的年轻人的愤怒"、"主宰式的和英雄式的理念对整体景观的强加"。通过该书，布朗和文丘里传播着对普遍主体性的一种直觉式的理解。例如他们具有讽刺性的使用"Man"这个词，实际上暗示了那些所谓的审美专家所推崇的实际上不是为了普遍意义上的"人"，而是那些对日常生活和社会掌控的男性。

尽管如此，布朗和文丘里的这种普遍主义（更多来自前卫主义的大破大立），却容易引发另一些问题，即当他们对深植于现代主义的英雄式的原初性立场发出挑战时，他们这种对日常生活的过多预设，是否意味着对现状的认可或赞许、意味着对创造和变化的拒斥、意味着普通即丑陋和平淡呢？诸如此类的问题，实际上也昭示出布朗和文丘里没有对人们总是希望多一点"他者"或异类、希望在日常生活的感知中出现新的气象这一心态做出积极的回应。

　　简·雅各布斯在其 1961 年出版的《美国大城市的生与死》一书中，对 20 世纪 60 年代和 70 年代的社会和建筑评论家具有强有力的影响。该书出版于现代女权主义运动兴起之前，因此书中并没有将性别问题作为一个特殊的问题来处理，但雅各布斯关于城市景观的思想却清楚地凸显了女性的体验。从家庭的视点出发是雅各布斯"混合使用"(Mixed Use)理念的关键，这一理念不仅是对以功能为主要依据的现代主义建筑和城市的批判，而且还明确地对将社会生活分为家庭的和公共的这种传统划分理念提出了挑战，因为在雅各布斯看来，家庭生活不仅是私密的，同时还具有公共的意义。

　　雅各布斯关注体验性、模糊性、多样性的思想与后现代主义的理论很相似，她有意拒斥理论模式，更多地依据经验去观察和检视空间在日常生活中是如何被实际使用的。但她所叙述的领域与波德莱尔的"漫游者"、④ 福柯的监狱和妓院完全不同，她所倡导的是一种非正式的公共生活，这种生活发生在门廊、街道、面包店和洗衣店等（以女性为主要群体），而且还出现了许多新的研究主体，如在公园中的母亲与儿童、食品杂货店主、书报摊摊主以及老人等最容易遭受攻击的弱势群体。因此，雅各布斯对个体与空间场所关系的讨论与法国社会学家德塞图③关于城市的阐述很接近，即不是一种鸟瞰式的，而是从步行者的体验和日常使用者的体验出发。她所描述的详细和鲜活的日常生活画面开启了对社会功能划分的重新界定，这种划分已经具体体现在现代经济发展的物质形式上了。

　　尽管雅各布斯对日常生活的许多因素有着非常独特和精妙的分析，但雅各布斯对纽约格林尼治村⑤的哈德逊大街(Hudson Street)（图 5）的

图 5　纽约格林尼治村的哈德逊大街街景

诠释带有明显的乡愁和保守的思想，她将城市看作是一种"自我规范系统"的思想，也忽略了人类的能动性和文化转换的积极潜力，忽略了空间与权力的互动对于城市的重要性。

三

很明显，列斐伏尔对日常生活的批判与当代建筑学的关系是复杂和多元的。从日常生活的视野出发：一方面，不仅在设计思想上肯定了平凡卑贱的日常生活所具有的创造性，体现了对当代众多建筑思想中的英雄主义、逃避主义以及男性至上主义的批判，而且在设计策略上，也体现为对那些秉持所谓"折叠"、"错位"、"巨构"等新前卫策略的有力批判。另一方面，建筑的明星体制所制造出的新奇和自大风尚在我们的城市环境中愈演愈烈，即便是著名建筑师的作品也已变得标准化和成为不断复制的商品。因此，将建筑根植于日常生活中的企图，对技术理性和市场化力量所造成的城市和社会环境的陈腐与平淡有着积极的作用，它甚至可以推动整个社会文化对新前卫所不断提出的修辞的(Rhetoric)和神秘的主张进行抵制和剔除。

实际上，今天我们很难再保持列斐伏尔所设想的乐观主义，因为日常生活概念自身也带有商业化和政治化的危险。而且在 20 世纪 60 年代晚期和 70 年代，即在对城市规划运动倡导的鼎盛时期，人们也很少将日常生活概念与社会转化联系起来。尽管"独立组织"(Independent Group)以及文丘里和斯科特·布朗所提出的激进的美学计划与列斐伏尔的"平常中的非常"(The Extraordinary in the Ordinary)概念很接近，但他们的批判很少超出美学的范围。这种批判正如后现代建筑的演化所揭示的那样，使大众文化不仅变成了高雅艺术的一部分，而且也使得晚期资本主义成为合理。

也许列斐伏尔对日常生活的批判更为显著的维度是它同时对矛盾性和统一性的强调，特别是在后现代时期，他对日常生活的批判揭示了一个冲突、紧张和碎裂的城市环境，这是今天我们所必须应对的社会转化基础，而正是这一基础不断赋予了新城市和新建筑的可能性。

注释

① H. Lefebvre: The Production of Space. 7.
② 居伊·德博尔(Guy Debord)，法国情境主义组织的领袖，列斐伏尔的学生。
③ 德塞图(Michel de Certeau)，法国社会学家，日常生活的积极倡导者，著有《日常生活实践》(The Practice of Everyday Life)一书。
④ 参见汪原"从城市漫游者到城市步行者"《时代建筑》2003.5.

⑤ 在纽约的格林尼治村聚集了大量的先锋艺术家，出现了以先锋派表演为中心的大量艺术现象。有学者认为格林尼治村从来就是福柯所谓的"异托邦"，它是城市了的乡村，经济海洋里的孤岛，更重要的，它是资本主义体制中的一个反体制的源泉。

参考文献

[1] Steven Harris and Deborah Berke. Architecture of the Everyday. Princeton Architecture Press. 1997.

[2] Debra Coleman. Architecture and Feminism. Princeton Architecture Press. 1996.

[3] Simon Sadler. The Situationist City. The MIT Press. 1998.

[4] 萨利·贝恩斯. 1963 年的格林尼治村. 广西师范大学出版社. 2000.

[5] H. Lefebvre：Everyday Life in the Modern World. New York：Harper and Row. 1971.

[6] H. Lefebvre：The Production of Space；Oxford：Blackwell. 1991.

女性主义与建筑学

作为一种思想意识和政治运动，女性主义始于 19 世纪末 20 世纪初，在经历了百年的兴衰和发展后，女性主义已经成为当代西方重要的思想理论之一，其影响渗透到了文化、艺术和社会政治、经济的各个层面。在 20 世纪 70 年代女性主义思想首次出现在城市空间研究之后，女性主义的影响也逐渐波及到建筑领域。随着《性别与空间》(Sexuality & Space)和《建筑学与女性主义》(Architecture and Feminism)等文集在 20 世纪 90 年代的相继出版，标示出建筑学与女性主义跨学科的研究已经形成。

虽然女性主义至今没有形成完整严密的思想体系，但在其发展中凸显出两个重要的阶段和倾向，其一是本质主义(Essentialism)——社会性别差异论，其二是构成主义(Constructionalism)——社会性别构成论。女性主义对建筑学的影响也可分别从这两种思想倾向入手。

一、本质主义或社会性别差异论

20 世纪 60～70 年代，女性主义理论建构的重点是围绕"性属"(Gender Identity)，也即男女的社会性别差异问题展开的，其主旨是造成男女不平等的因素并非两性之间的生理差异，而是两性之间的社会性别差异。本质主义认为：男女性别虽然具有先天的、生理上的差异，但更为重要地体现为后天形成的"性属"上的差异。前者是一种自然的、生物学的差异，后者才真正构成女性受压迫的根本原因和文化解释。例如，女性能生孩子，男性不能生孩子，这是生理上的差异(Sexual Difference)。由于女性能生育和哺乳，女性自然就"应该"照管孩子，从而导致家务劳动的社会性别差异(Gender Difference)，而这种社会性别差异也被放大到社会分工中。例如人们普遍认为托儿所、幼儿园甚至是中小学的教师理应是女性，在这些社会化的、以解放女性为目的的机构中，女性仍旧充当其社会性别的角色，而且社会性别差异的观念在人们意识中是根深蒂固的。这一思想倾向在建筑领域更多地反映为对性别制度在建筑领域中所造成的不平等现象的揭示，从而争取建筑执业和建筑教育以及相关领域中的女性从业人员的合理的、与男性平等的权益。

美国学者阿比·布塞尔(Abby Bussel)对在建筑领域女性的状况进行了较为深入的研究。在"建筑中的女性"(《进步建筑》1995 年)一文中，阿比·布塞尔通过统计数据概括地描述了女性作为建筑师或建筑系的学生所面临的困境。他指出：在美国的建筑院校中女大学生和女研究生数量是男生的1/3，女教授占8.7%，在美国建筑师学会中女性会员只占9.1%。在中国，尽管妇女解放运动倡导了多年，但根据我们对北京和武汉的几所大型设计院的问卷调查来看，女性建筑师的执业状况并不乐观，如图1所示。[①]

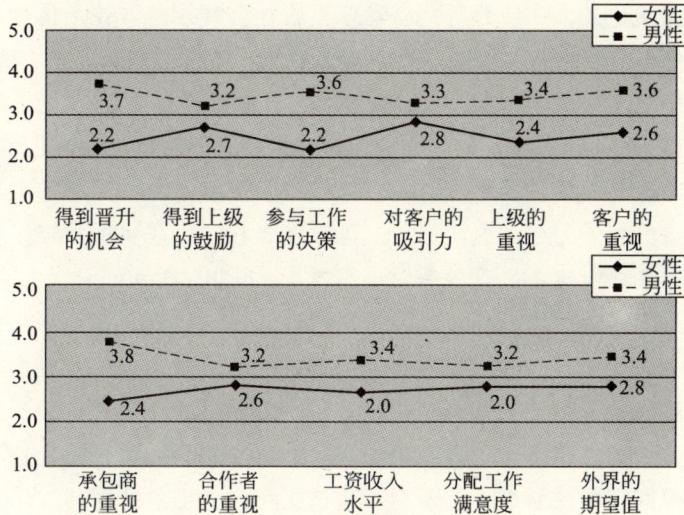

图1

尽管如此，许多女性并没有认识到建筑学这一男性至上的学科与女性主义的联系，甚至有许多女建筑师不愿将"女性"二字与自己的职业相联系。一方面似乎可以更容易得到同行的认可，另一方面她们担心女性主义所具有的反叛精神与建筑学这一传统的、具有高素养的行业不太相称，对女性主义的倡导容易毁了自己已经具有的执业状况。

"职业主义"（Professionalism）是女性建筑师和建筑领域其他从业人员的另一思想状态。她们认为只要承认建筑学科本身知识的严谨性和批判的客观性，并在建筑领域做出卓越的成就，女性建筑师的地位就自然会被认可，似乎"职业主义"能够成为反对性别歧视的最好的武器。但是在现有的社会体制中，"职业主义"所保障的平等权益根本就不可能实现，因为在以性别差异为基础建构的文化中，人不可能是简单的"自然人"，我们的语言、知识、历史以及社会形态都在不同程度上打上了性别的差异。

由于性别差异所产生的影响渗透到了建筑话语的各个层面，因此要将这些层面中女性所受到的压制均给予批判和剔除无疑是困难的。而且过于局限在纯职业状态，必然会限制女性主义的视野以及带给我们的启迪。因此，有学者提出建筑学中的女性应与其他领域的姐妹们联合起来，朝向一个共同的女性主义，这种女性主义是对女性建筑师和其他从业女性自我利益的关注，是将女性彻底地解放到自由市场经济中，而不仅仅停留于对所谓性别的批判。

二、构成主义或社会性别构成论

在进入 20 世纪 80 年代以后，女性主义不再热衷于讨论男女生物性差异或跨文化的大一统分野。从学理上看社会性别差异论所体现的是本质主义(Essentialism)思想，即认为人和世上的万物皆具有某种本质，并据此可以对社会和文化作出解释。在一个相当长的时期内，甚至今天，女性主义都自觉和不自觉地推崇本质主义，将男女之别视为不可再简约的、决定一切的基本差异。它总在试图说清楚两性不平等的根源以及性压迫的发展过程，这实际上又落入了男权中心思维的樊臼。受解构主义的影响，女性主义理论家 J·巴特勒(Judith Butler)认为，"女性"是一个不确定的概念，传统女权主义对普遍性的强调，忽略了女性具体的差异性，如黑人和白人女性等。据此我们不难看出仅仅对社会规则和构成做浅表的改变无法保证在建筑文化中的深刻变革，在建筑行业内对女性的认可无法从根本上改变两性之间的权力关系，这也是女性主义的核心目标即消除性别歧视并没有对建筑文化产生影响的原因。

由于构成论认为真理、理性以及人的观念都是男性社会派生出来的，因此我们应该将研究的视野直接指向西方传统的理性思维，从中发掘对身体的、空间的乃至建筑学话语的影响因素。

在西方传统思维中，心灵或思维与眼睛或视觉有着紧密的关系。哲学家常将视觉的语言作为思想的隐喻和理性思维之源，在认识论中，看作为视觉的基本形态被当作一种感知过程，属于感性认识。但视觉始终被置于与身体其他器官相对立的位置，眼睛成为最为脱离身体的感觉器官。有学者认为物质与精神、本质与存在、理论与实践等二元对立都可从视觉中派生而来。尽管早在柏拉图(柏拉图的洞喻)时期就存在这一思想，但海德格尔认为强调视觉、排斥身体的其他感官始于笛卡儿。

笛卡儿的名言"我思故我在"的"我思"只不过是上帝为了真理的理念而直接给予人类心灵的能力，这种给予使一个脱离了肉体的心灵存在于世界。在"第六个沉思"中，他从对身体存在的怀疑开始，逐渐推导出心灵与真实身体相区别，并可以无需身体而存在。视觉与身体分离，并独自与思维发生联系，不仅是笛卡儿思想的重要组成部分，它也构成了西方长期的理性思维传统，同时以视觉为基础的透视法在空间研究和空间实践中的运用以及 20 世纪不断增长的科技能力，进一步强化了这种视觉的无身体性传统，从而导致了现象学对这种思想的批判以及解构主义对视觉中心主义的颠覆。

对身体性的强调是女性主义最重要的思想内容之一。在这一层面上，女性主义与梅洛·庞蒂的知觉现象学是一致的（现象学对感知的强调上升到了本体论的高度）。由于人对空间的体验是身体性的，同时又是千差万别的，因此我们是否能在本质主义和构成主义之间找寻一条折中的策略，即摈弃性别差异而强调身体性呢？作为建筑的重要组成部分，同时又是体验对象的空间，它是中性的还是具有强烈的社会建构性的呢（图2）？对上述问题的思考，必定会引发出对建筑学之构成基础的重新拷问，其影响不仅是巨大的，也是颠覆性的，甚至可能构建一种全新的建筑学，我们不妨将它称为"女性主义建筑学"。

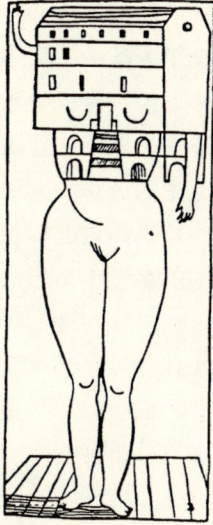

图 2　艺术家 Louis Bourgeoisde 的作品 "女人屋"

三、女性主义建筑学的可能性

作为一种全新的建筑学，其可能性存在于以下两个方面：

第一，身体性——作为一种直接斥诸身体的、知识性的人类空间活动，建筑具有一种潜在的女性主义思想。因为空间问题不仅是一个视觉的或笛卡儿式的理性问题，它同时还是一个身体的、体验感知的问题。首先，空间的建造就是一个人类身体与建筑材料和空间的互动，一个人与人之间关系的互动；其次，空间的使用则更是一个需要调动全身心的一种活动。因此，建筑学，甚至是一种女性主义建筑学，就正如社会学家 Hannah Arendt 所指出的，是一种强调特殊的感知和体验的建筑学。它首先是对传统的、视觉至上或理性至上的建筑学的颠覆。这种建筑学提供了一种与身体的体验相一致的经验，这种经验是两性所共有的，从而具有构成一种新的建筑学基础的可能性。其次，这种建筑学又是现象学式的，它建立在严密的本体论和认识论基础上的空间观不仅构成对西方建筑文化传统将身体抽象、歪曲、虐待的批判，同时也是对国内建筑理论研究多以实践论为基础（实际是将实践论庸俗化）的批判。

第二，空间性——通常人们会不假思索地认为，人类所塑造的环境和空间都是中性的，但实际上人与环境是一个相互塑造的过程。这一点与语言有着惊人的相似（女性主义语言学家已经提出了令人信服的观点，揭露了以男性为中心的语言）。正如美国学者韦斯曼（L. K. Weisman）指出的："与语言一样，空间是一种社会的建构，同时和语言的句法一样，建筑物以及社区的空间布置，反映并加强了社会中性别、种族和经济关系的性质，语言和空间的使用都助长了某些群体支配其他人的权力，并延续了人类的不平等。"据此，我们不难看出，建筑乃是权力关系的表征和记录，建筑被社会、政治和经济的力量与价值所塑造，而这些力量和建筑也表现在建筑空间的具体形式、建构构成和使用方式中，甚至涉及道德的选择和判断。

建筑话语在以性别为基础的权力关系中表演着积极的角色，在社会空间的塑造中与男性至上的思想形成了共谋。因此，对空间权属关系的思考，改变对空间的分配就不仅具有建筑学的维度，同时还具有了政治的和社会经济的维度，这也形成了西方女性主义新的政治策略。

我们不妨以华裔建筑师林璎女士所设计的华盛顿越战纪念碑作为实例进行分析(图3)。该纪念碑一扫传统的设计理念，在大片的草地中切入进去，低于地平线的整体空间，使远距离的人根本就无法看见它。但当参观者走进在地面上突然开敞的空间时，并顺着黑色的、镌刻着死难烈士名字的石墙往下走的过程中，就会感到自己进入一个与尘世隔绝的空间：四周的喧嚣沉寂了，街道和天际线隐退了，留下的只有你与墓穴式的空间和墙上名字的独处。林璎说："当你沿着斜坡而下，望着两面黑得发光的花岗石墙体，犹如在阅读一本叙述越南战争历史的书，我不把越战老兵纪念碑看作放置在地球上的物体，而是把它看作地球上一道伤痕。"因此，越战这段历史即呈现出一种叙述和阅读的模式，在身体的体验中，对历史事件的认识形成融入了个体意识的阐释。

图3 越战纪念碑的参观者的身体印射在纪念墙上

空间与身体之间的互动与交流，是设计者关注的重点。你的手抚摸着冰冷的花岗石，像抚慰死者的亡灵；哀悼的黑色，光滑的表面，反射出你自己的影子。生者与死者，生者与自己的影像在这里进行着亲密的交融。在这触摸和接近中，与大地连成一体的母性般的建筑空间，抚慰着人类心灵的伤痛。

林璎的设计理念一改人们对建筑的传统看法，从此建筑可以不再是凸显于大地的男性图腾，空间也可以不再是唯视觉的壮美。通过将身体置于隐没于大地的空间文本中，设计者对越战历史文本的书写即成为每一个参观者个体的一部分。在对该场所的空间体验中，我们的身体改变了线性的历史时间和笛卡儿式的理性空间，想象的涉入产生了一种超越了同一的、原型式的叙述，取而代之的是充斥着身体体验的个体建构的历史事件。因此，在对空间的具体体验中，空间的意义获得重生。这不仅提供了空间形式和内容的新的关系，缓解了能指和所指之间的分离，也缓解了人类心灵和身体的长期分离。空间的意义也从符号学的严格规定中滑向了更广大的范围。这种全新的建筑学也必然形成一种新的建筑历史范式，即对空间的身体体验提供出新的阐述可能性，因此，统一的、目的论式的建筑史观会消解为多元的、共存的、个体式的建筑历史观，它将是传统建筑历史的终结。

四、结语

由于女性主义思想所蕴涵的颠覆和反叛性通常与正统意识形态相偏离，因此女性主义更多停留于学院的清谈，而在具体的空间实践乃至社会实践中并没有受到重视。当然对女性主义与建筑学关系的思考首先应该打破"建筑即艺术、女性主义即政治"的二分法，而从两方面来认识女性主义与建筑学关系研究的意义。一方面，它可以开启新的批判视野，对原有建筑学基础的合法性进行拷问，以探寻新的学科基础的可能性；另一方面，它可以重新激活建筑话语表达和批判社会文化的功能，使建筑学重新具有人文关怀。

注释

① 为了了解国内建筑师的执业状况，沈幼菁同学在北京市女建筑师协会的协助下就十一个有关执业问题对设计院的男女建筑师进行了问卷调查。

参考文献

[1] 鲍晓兰主编，西方女性主义研究评介. 北京三联书店，1995.

[2] Editor：Beatriz. Colomina Sexuality & Space. Princeton Archituctural Press，1992.

[3] Editor：Debra L. Coleman. Architecture and Feminism. Princeton Archituctural Press，1996.

[4] 汪原. 过程与差异——多维视野下的城市空间研究. 华中科技大学出版社，2003.

建筑，一个时代的面相
——本雅明建筑体验之现象学维度

  本雅明关于建筑体验的记述由一系列重要的文本组成，其中包括对那不勒斯、莫斯科、魏玛、马赛等城市短小的描述；《单向街》对柏林和巴黎体验的现代主义呼唤；《柏林纪事》和《1900 年前后柏林的童年》对柏林的自传式的童年回忆以及《拱廊街计划》对巴黎研究的大量手稿。尽管这些关于建筑的书写看似零散、庞杂，但其中始终贯穿着回到人类最大的现象场或日常生活的企图，以及立于社会现实基础之上的经验统一性和对资本主义商品世界的救赎。因此，我们应该将这些文本看作是本雅明体验的思辨概念的发展和强化，而且正是这种建筑的体验，为其哲学和文学批判的写作提供了丰富的营养。

  作为现代体验的重要场所，建筑对于本雅明关于当代文化的反省以及现代性的详细研究来说是至关重要的。因为他将建筑看作是"隐而不见的'神话学'的最重要的痕迹"，[①] 是一个社会潜在神话的最重要的见证，正是在建筑中，一个时代真正的现实性获得了最清晰的表达。因此，本雅明的目的就是通过建筑的面相，通过触摸这一文化的表皮去感触整个社会，把握其更深层的悸动，进而发现未来社会的症候。这种努力不仅在《拱廊街计划》中有着全面的体现，而且在《单向街》和其他的文本中，也不同程度地反映出本雅明对由新型建筑所构成的崭新的空间形态及由此所导致的新的栖居方式乃至可能出现的新社会的迷恋和关注。

一

  对于建筑体验的研究来说，本雅明的初始计划是从"原初历史"(Ur-history)的角度来研究现代性，把解读悲苦剧的方法用来解读 19 世纪巴黎现代化和城市化时期留下的历史痕迹，特别是在拱廊街中的缩影及其对当下的影响。但随着研究的展开，巴黎超现实主义的思维方式、[②] 马克思主义的批判向度[③]以及思想深处的神学立场，使他研究的思路发生了变化。[④] 尤其是 20 世纪 30 年代初与布莱希特的密切交往，后者借用形象运作的"朴素思维"(Crude Thinking)和"陌生化"原则对抗戏剧中传统的审美和表现形式深得本雅明的赞赏。从中，本雅明看到了一种知识分子介入现实的途径，即用具体而微的形象去启蒙和唤醒大众。

　　本雅明把自己看作是一个释梦者，通过释梦而祛魅解惑，使沉睡于资本主义梦境中的大众醒来。但是他运用的方法不是逻辑分析和推理说明，而是蒙太奇或不同形象所构成的星丛表征。在《拱廊街计划》中，零碎和另类的事件，最卑微的行当和人物，甚至城市的废弃物和垃圾，构成了这种蒙太奇。本雅明将这种在《拱廊街计划》中运用的主要方法称之为"辩证意象"（Dialectical Images）或"定格的辩证法"（Dialectics at a Standstill），即打断历史的线形发展流，把不同的现象从它们所处的历史连续体中抽出来，组成共现的星丛，显示事物的本质。本雅明认为这种"我不评述，只是展示"⑤的方法，可以使事物的辩证性一目了然，可以走出观念的晦涩，以生动简单的方法走向大众，从而到达教育大众的目的。

二

　　本雅明将"拱廊街"看作是 19 世纪建筑的主要成就。在《拱廊街计划》的提纲中，他援引一份当代巴黎导游图对"拱廊街"的描述："这些拱廊街是豪华工业的最新发明。它们有玻璃房顶，大理石地面，是穿越一片片建筑群的通道。通道的光线来自玻璃房顶，两侧则排列着极其高雅豪华的店铺。这样的拱廊堪称一座城市，更确切地说，是一个微型世界"。⑥

图 1　19 世纪法国巴黎的拱廊街

　　我们不难想象，走进这样一个只有出口和入口的密闭长廊，⑦宛如一个具体而微的城市，从每一栋房屋的建筑式样，到整条拱廊的商业形态，从商品的摆设陈列，到夜晚煤气灯营造出特有的光线下新的消费购物文化，"拱廊街"在当时无疑创造出一种全新的社会空间，成为"商品资本的庙宇"。同时这种现代化的拱廊空间，也奠定了今天商业大都会的物质基础，构成了 19 世纪典型的城市形态。不管市民接受与否，(拱廊)街道已然成为城市空间的一个重要场所，一个生活和意义发生的地方。

　　拱廊街玻璃屋顶的透明性是其特殊的品质，这种特性使得内部与外部的交融成为可能，不仅使拱廊街具有了在街道与家庭之间空间转换的功能，同时也使拱廊街成为城市的漫游者一处惬意的空间。这正如德国哲学家阿多诺所指出的："如果街道构成了群众和漫游者的'起居空间'的话，那么这种寓言在拱廊街中获得了真正的空间意义。街道是集体的房屋。集体是一种曾经警醒的、移动的存在，集体在成排的房屋之间，像个体在四面墙体的庇护下所做的一样，体验、学习和创造。比起装饰在中产阶级沙龙墙壁上的油画来，集体更喜欢各种绚丽多彩的公司广告，而城市的沙龙则是拱廊街"。⑧

因此，拱廊街不仅构成了街道的室外世界与家庭的室内空间之间的转换区域，也构成了一种没有外部的内部。对于留连于"拱廊街"的人来说，有的只是内部的空间形式，而外部空间是很难视觉化的，甚至是无关的。在拱廊街中，商贩的叫卖声，手工艺制作的敲打声，孩子们的嬉闹声，各种商品、食物以及煤气灯燃烧后混和的气味，人与人相互触碰所嗅到的身体的气味，共同构成了一处混杂的空间，其视觉的非清晰性使得逡巡于拱廊街的人无法通过注视将其对象化、在总体上把握，而必须沉浸在其中，调动身体的各种相互依存的感官知觉去体验。

在拱廊街中，人们可以发现无穷无尽的隐喻、类似和梦想的形象。"拱廊内部的人类素材与其建筑材料完全相同。拉皮条者是这些街道的铁的标志，而易碎的玻璃则是妓女"，⑨ 这些要素又实实在在地移植到了城市和建筑的形态中，并构成了现实的意象。与"海德格尔徒劳地寻求借助抽象的'历史性'来为现象学挽救历史"⑩不同的是，这种意象与现象学本质的区别在于它们的历史标志，它并不归属于某一特定时间，而是表明他们从某一特定时间开始，历史才具有可辨性。因此，"从拱廊的兴衰中寻找其建造和转换的本原，在它们各自的发展(或用"展开"这个词更恰当)中才会称其为本原现象。它们使拱廊的这个具体的历史的形成得以显现，正像一片树叶从自身经验展示出整个植物王国的全部财富一样"。⑪ 因此，拱廊街可以作为一本能够足以展示历史真实性的潜在文本，诸多历史因素都以一种极度浓缩的形式被综合在其中。19世纪历史的真实性在本雅明对其充满欲望的阅读中显露无遗。

三

除了"拱廊街"之外，本雅明认为还有更具启发性的建筑，即19世纪大型的博览建筑。在这种由铁和玻璃构成的建筑中，各种商品被包裹在如幻如梦的光环中：白天，有炫目的日光；夜晚，有耀眼的煤气灯。它不仅形成了光怪陆离的商品奇观，也创造出了一种幻觉，一种灿烂的资本主义文化的奇幻景象。正是在这种类型的空间中，促使城市大众不仅对各种新产品如痴如狂，开始了商品的拜物教，而且巨大的展览空间变成了商品拜物教之香客朝拜的场所，资本主义的大众就沉醉于这种景象中，而1867年于英国举行的世界博览会使这种沉醉达到了高峰。

无论是拱廊街还是博览空间，这些由新型材料钢和玻璃构成的各种新建筑，不仅成为集体或大众的注视目标，而且也形成了一种新的作品接受模式。人们通过对新的功能的使用去感知新的建筑空间类型，而这种使用不仅是视觉的，同时也是听觉的和触觉的。同时，这种感知模式又与工业文明强加在生活上的新的条件相吻合。个体通过一种空间的身体经验而不是仔细的注视、思考、研究和学习来适应这些新条件，这就好比一个汽车驾驶员凭着一种身体的直觉以及身体与汽车的合一很快就能适应现代车库，而艺术史家却总要对车库进行理性分析和历史梳理后，才能了解或接受车库这一新的空间形式。因此，面临历史转折点，人类感知的历史任务自然无法通过在林中的独自沉思或视觉所能完成，而建筑功能是一种必须通过身体体验才能接受的原型。因此，本雅明认为：可以通过建筑来承担这一特定历史时期的变革任务，而且本雅明认为唤醒大众的过程已经在那个时代的新建筑中发生了，在路斯(Loos)、门德尔松(Mendelsohn)和柯布西耶(Le Corbusier)等先锋建筑师的新建筑中，已经体现了一种新的空间品质，这些品质与无阶级社会的透明性达成了一致。

四

　　对建筑的体验，必然引向对居住问题的思考，因为居住是建筑(都市)不可避免的主导功能之一，并成为处理人和周围现实的一种积极的形式。在居住(Inhabit)中，个体与其周围的环境和事物互相调节适应，在场所(空间上)和时间上定位，使之具有确定和永恒的意义。而在现代建筑中，居住的观念发生了变化，人们必须在"急匆匆的当代性"和不确定性中去体验新的环境而形成新的习性(Habit)。[12]

　　在本雅明看来，"拱廊街"与博览会建筑所具有的梦幻般的特性，为在20世纪中更为冷峻的现实开辟了道路，使一种新型的建筑在20世纪成熟起来。随着透明和空间流动品质的形成与提升，他期望一种新型的、无阶级的社会栖居概念，其特征就是透明和开放，而这种透明与开放比以往任何时代都更为深刻和广泛。

　　除此之外，其他的新型建筑类型如火葬场以及现代旅馆客房的空间体验，迫使个体要不断地适应新的生活条件，它涉及更多的是短暂和瞬时，而不是永恒与确定。作为在人身后留下痕迹的住居概念正在逐渐消退，取而代之的是一种急匆匆的、同一的时代性，这种时代性，不是通过刻录于记忆中的温馨留存，而是通过室内硬质光滑表面，通过室内可变的构造和短暂的家居陈设来表现。在其中，本雅明觉察到某种重要承诺的实现，他将这种住居中新的冷峻与新时代的开放性和透明性联系了起来。

对于本雅明来说，透明性的意义不止是文字上的，他将空间的透明性与栖居在永久的场所和可变的区域中个体的可变性和适应性联系了起来，与在时间结构中的可变性联系了起来，因此，空间的透明性即与时间的透明性联系在一起，时间的线性过程被打断，新的历法的引入或时钟的停滞正是现代性和革命运动的特征。本雅明认为这种透明性的思想在俄国的革命实践中实现了。在《超现实主义》一文中，本雅明回忆了在一个俄国旅馆的体验：

"在旅馆中，他被客人走后敞开的卧室门所震惊，这种震惊使他认识到生活在一个玻璃房屋中是一种非凡的革命操行，同时也是一种陶醉，一种我们迫切需要的道德展示。小心翼翼地关注人自身的存在，这曾经是贵族的操行，已经变得越来越是*小资产阶级暴发户的一种东西*。"⑬

因此，本雅明对用玻璃建造的住宅的讨论就不是孤立的。他认为：玻璃是冰凉和冷峻的，由玻璃构成的事物是没有气味的，其透明性成为了私密的敌人，财产的敌人，⑭因此，玻璃应该被看作是一种表达了新社会透明性的材料。这种新型社会，将对性与家庭有着政治意义上的通透性，对社会的经济和物质条件同样具有透明作用。因此，由一种新的建筑材料所引发的新型建筑和城市，最终可能导致一种全新的社会类型。

据此，我们不难看出，本雅明将现代性和住居当作两个互不矛盾的事物来理解的尝试。一方面，在对现代性图景的探索中，他企图通过寓于现代性中短暂的和不确定的因素，如时尚、大众文化、现代建筑，甚至是新野蛮主义的破坏性，寻找到现代性纲要的可能性；另一方面，本雅明拒绝将住居明确地置于传统中———种基于安全、隔绝和温馨的住居，并将住居作为及物动词来理解，作为一个适应的问题来理解，而这种适应比传统的住居概念更强有力地与可变性和透明性的现代条件联系在一起。因此，生活在一个由玻璃构筑的空间中，成为了一种最卓越的革命责任，一种为现代性而进行的斗争。

五

本雅明对现代建筑的高度评价源于他发现了现代建筑具有的隐喻品质。这种发现一方面来源于他自身的体验，另一方面来源于他对建筑史学家吉迪翁描述新建筑时所使用的透明性等术语的吸引力。另外，在《拱廊街计划》的注脚中，可以看到本雅明对柯布西耶等先锋建筑师的城市化理念非常熟悉。但令人费解的是本雅明没有把发生在其身边的，即发生于德国 20 世纪 20 年代后期的在公共社区居住领域中的行为和事件作为讨论的对象，也没有涉及马丁·瓦格纳(Martin Wagner)和布鲁诺·陶特 (Bruno Taut)等现代建筑师在其家乡柏林的活动。

这种对新建筑理解和态度的矛盾性在其他方面都不同程度地表现出来。一方面，在他作品中有许多的段落章节诠释了一种对冰冷禁欲建筑的诉求，对新野蛮主义的赞赏，希望通过在日常生活中获得公众的开放性、透明性和渗透性而彻底改变个人的和集体的生活方式。另一方面，本雅明又常常提起对另一种住居形式的回忆，这种居住有着像贝壳一样包裹个体的空间，在这种舒适的空间中，私密性、安全性和教养得以可能。在《巴黎，19世纪的首都》一文中，本雅明还用悲恸的语调描述了他儿童时代生活的室内空间，其中充满着装饰、家具和各种摆设以及这些东西构成的温馨的氛围，充分表露了本雅明对19世纪住居形式的怀念。这种思想的抵牾和矛盾在他从父亲豪华的宅邸搬出并暂居在德国现代主义建筑师陶特(Bruno Taut)设计的包豪斯风格的住宅中时被进一步强化。因此，本雅明将建筑看作是一种新的艺术接受形式的原型，看作是革命斗争工具的这种理念，并没有完全放到当时的社会实践中去真正检验。

这种空间体验的分裂，很大程度上导致了本雅明空间思想的模棱两可性。在对空间透明性的绝对追求上，在与现代主义诉诸外在的建筑去改变主体乃至社会的一致性上，本雅明对空间的理解更像是一个经验主义者；在他把建筑看作是时代的面相，通过对这一面相的阅读去把握时代精神上，似乎又有点观念论的影子；当他在比较司机和艺术史家对待车库的不同态度上，司机驾车的身体经验与艺术史家视觉的把握之间的不同时，又隐含了一种身体的意向性。当本雅明沉浸在拱廊街这种特殊的含混空间中时，[15] 当空间在整体上的不可见性，使得主体无法通过精神的审视将纷杂的事物统一起来，只有通过调动功能器官去体验、去共处时，又带有了存在论的印记，当他认为真理与一个隐藏在知者和被知对象内部的时间内核相关联时，当他坚持"永恒与其说存在于某种理念中，不如说存在于衣服的褶皱中时"，[16] 他与回到日常生活世界的思想是如此之近。但当他用在埃菲尔铁塔的悬梯中，用在钢铁支架中感受到的建筑的真正美学体验去建议史学家搭建一个哲学结构时，其现象学的维度又像是透过空中的铁网栅格所看到的景物一样模糊不清了。[17]

因此，在本雅明的作品中始终存在着相悖却又明显相关的现象："一种对理论和辩证法的抗拒，与之相伴的是一种现象学或前现象学性质的未经检验的前提的踪迹。也许两者都暴露出一种对哲学概念的对抗，前者是对抽象美学的拒绝，后者是对具体现象学的承诺"。[18] 这种承诺和觉醒似乎更多地受到了法国现象学存在主义的激发，进而认为日常事物存在状态自身已经带有知识和哲学的意蕴，甚至事物本身就已经是哲学性的。

注释

① 戴维·弗里斯比. 现代性的碎片. 卢晖临等译. 北京：商务印书馆 2003，259.

② 阿拉贡和他的《巴黎城里的乡巴佬》消解梦和醒、现实与艺术之间的界限所带来的对现实的疯狂否定以及对未来乌托邦的向往。

③ 来源于他所爱慕的苏联女共产党人 Asja Lacis 的马克思主义立场，本雅明自己对卢卡奇的《历史与阶级意识》的阅读以及马克思主义的其他著作对他的影响。

④ 这也构成了本雅明思想的三位一体。

⑤ Walter benjamin, The archades Projects, trans. Horward Eiland and Kevin Mclaughlin, The Belknap Press of Harvard University Press, 1999, N1a. 8.

⑥ Walter Benjamin, The archades Projects, trans. Horward Eiland and Kevin Mclaughlin, The Belknap Press of Harvard University Press, 1999, P. 3.

⑦ 在《拱廊计划》中，入口也就是出口，因为对这些独特的杂交形式的房屋和街道来说，每一道门都既是入口又是出口。

⑧ Hilde Heynen. Architecture and Modernity. MIT Press, 1999, 105-106.

⑨ Walter benjamin. The archades Projects. trans. Horward Eiland and Kevin Mclaughlin, The Belknap Press of Harvard University Press, 1999, 4.

⑩ Ibid, N3. 1.

⑪ Ibid, N2a. 4.

⑫ inhabit 和 habit 是根据德文 wohnen 和 gewohnt 的意译。本雅明曾比较两个德文词文法上的关系。

⑬ Hilde Heynen. Architecture and Modernity. MIT Press, 1999, 115.

⑭ Hilde Heynen. Architecture and Modernity. MIT Press, 1999, 116.

⑮ 本雅明认为：拱廊街的含混实际上是空间的含混。

⑯ Walter benjamin. The archades Projects. trans. Horward Eiland and Kevin Mclaughlin. The Belknap Press of Harvard University Press. 1999, N3. 3.

⑰ Ibid, N1a. 1.

⑱ 汪民安. 生产. 桂林：广西大学出版社，2004，406.

当建筑学遭遇现象学

在眼下，跨学科研究越来越流行，但在我个人的印象中，哲学家和建筑师的直接对话在国内尚属首次。虽然学科之间的交叉到底是一种时尚还是学理上的必要，仍然是一个值得思考的问题，但当建筑学与哲学相遇时，诸如此类的问题似乎显得有点多余，这是因为，不仅建筑哲学已经在业内被述说了几十年，而且建筑现象学也在 20 世纪 90 年代被引介到了国内。但是，作为现代西方重要思想的现象学，是否已经真正转化成建筑学的思想资源仍未可知。正是在这样的一个境况下，"现象学与建筑"研讨会在各方的筹措和支持下，于 2008 年 5 月 25 日在苏州城市展览馆召开。

短短两天的会议，两个学科的近 20 位代表，就"现象学中与建筑有关的思想资源"、"现象与建筑的反思"、"建筑现象学的可能性"三个主题展开了讨论，甚至是思想的交锋。尽管会议最终并没有得出结论性的成果，也没有提出引领方向的宣言，但是经过哲学家和建筑师运用各自习惯的语言言说后，诸多建筑和哲学问题更为清晰地凸显出来。以下几个方面是我个人的与会感想以及若干尚未展开的话题。

一

此次会议是一个小型的圆桌讨论。在主题发言后，自由讨论——完全出离建筑圈内相互恭维与一团和气的固有会议氛围——更多的是针对性的提问与对答，甚至是直接质疑与发难，可谓是真正的思想碰撞与交锋。

经过第一天哲学和建筑双方的谨慎试探，第二天便开始了真正的较力。一方面，形而上的哲学家使劲把建筑一方往上拽，因为就哲学而言，要对某一事物进行本源、系统地言说，其概念的明晰性和逻辑的严谨性自不待说，这种言说本身实际上就是哲学，而建筑师在对设计理念进行阐释、用空间语言进行形式化的塑造时，并不外乎于哲学家的工作。因此，有哲学界的代表干脆把建筑师也看成是哲学家。另一方面，形而下的建筑师则拼命地把哲学一方往下拉，因为哲学家总是企图建造一座座知识和思想的大厦，在这个意义上，哲学家俨然一名建筑师，不仅如此，通观西方哲学，其思维充斥着建筑的隐喻，也始终处于建造、危机、坍塌和重建的循环中，可以说整个西方哲学史即被不断重申和更新的建筑意志所标示。当然，这种哲学家与建筑师角色互换的观点似乎并没有形成共识。

先就建筑来说，虽然大家都清楚建筑师是要把房子盖起来的，但在对待设计的态度上历来就存在着两大分野。其一，认为设计是人们认识世界的一种方法，作为一种认识论，设计给人们开启了一种新的视野，设计的结果似乎无关宏旨，设计探索与发现的过程才是至关重要的；其二，认为设计是人们行为的一种方法，其最终目的是构建，是解决住居的基本问题，因此，技术的、社会经济的或文化的问题是其根本价值取向和必须担负的责任。

一种是关注开放式的认识论旅途，另一种则侧重设计的最终结果，两种取向本应构成建筑学的基本生态。但自19世纪以来，建筑师开始基于绝对的确定性，去寻找一种普遍的建筑理论后，建筑学便逐渐将设计转化为一套可操作的规则和解决问题的技术工具。其关注的是如何按照有效的和经济的原则去建造，关注的是建筑师手中的活计是否熟练，而在根本上回避了人为什么要建造，回避了在现存环境脉络中如此这般建造是否正当等问题。并且，这一取向长期以来统治着建筑教育和设计，而第一种方式——即把建筑设计看成是一种哲学思考或认识论旅途的观念则被认为是弄玄而遭到唾弃。

再来看哲学，自柏拉图以降，哲学也逐渐分出职业哲学家和思想者，能够将二者集于一身的也不乏其人。这种与建筑学相类似的两分图景，通过此次参会的哲学家的发言、对话、交锋以及会下的交谈，其实并不难体味出。这种不断的专业化和科学化，伴随着自然和人文科学中实证主义的兴起和逐渐占统治地位，胡塞尔断言了欧洲科学危机的开始，也正是始于这一时期，对建筑意义的追问也被钉在了十字架上。

二

当哲学家针对某一概念孜孜以求地溯源、对某一词语的译法喋喋不休地比较以求精准时，建筑师没有丝毫兴趣；而当哲学家放低形而上的身位，专注于具体的空间模型时，似乎离现实、离建筑师所关心的问题又特别远；当建筑师在对自己的思想进行言说，对建筑形式的来源进行阐释时，总是显得有点舌拙而词不达意，而当建成作品的照片和模型呈现在眼前时，空间的逻辑则又一目了然（与会期间举办了数位建筑师的作品展）。上述这些现象有时让人觉得两个学科是在运用各自所擅长的语言自说自话，因此，要进行真正的对话，就必须有一个共同的平台，运用逻辑的语言而非艺术的感觉，针对某一具体的对象或问题展开。

哲学自古以来一直被人们当作是科学王冠上的明珠，它高高地居于形而上，俯瞰或指引着其他学科的进路。同样古老的建筑专业始终是砌砖盖瓦的形而下实践，哲学之于建筑来说是高山仰止，是淘不尽的思想宝库，两者平等的对话似乎无从谈起。但是当德勒兹指出哲学也是一种实践——一种概念的实践——应该根据它所牵涉的其他实践来判断时，即为两个学科可能的对话投下了一束新的亮光。

首先，大量的哲学概念需要肉身化，需要化身，正如意象需要形象。作为人类社会最大的现象场，建筑理应可以成为概念肉身化之需要而找到的附身之体，这一附身，甚至是哲学或现象学存在的条件，从而可以为当代哲学创造新的条件和存在方式。

其次，如果将建筑看作是一种空间的实践，那么哲学这种概念实践毫无疑问地应当成为空间实践的理论，而空间自然也就成为两者共同的对象和问题。从这一实践关系的判断可以看出：一方面，哲学已经不能超越其他实践——自然无法超越建筑学——而先验地或独立地存在；另一方面，哲学的概念实践依然具有那种传统的、指导性的力量，据此，建筑学与哲学的交叉便具备了学理上的可能性和必要性。

三

前面讲的是建筑之于哲学或现象学的意义，现象学之于建筑又如何呢？

在当下，关于什么是建筑、人为什么要建造、如此建造是否合理与正当等问题，建筑师已无暇关心。什么是空间、我们如何感知它、空间如何通过内在的意识构造出来、空间又如何被表征出来等问题，更是少人问津。但这些看似原初或简单的问题，却是最本质的建筑学问题，也是每个建筑师在设计活动中（一种意识活动）需要不断反思的，而现象学的基本特点就在于本质直观，在于在不断地反思中把握意识活动的本质。于是，建筑学与现象学的联姻也就出现了可能性，这是其一。其二，建筑与现象学之所以能够走到一起，还源于胡塞尔创立现象学的初衷。

在18世纪末至19世纪初，随着信仰和理性发生分离，形而上学的诉求遭到拒斥，科学思想逐渐成为惟一合法的对现实的解释，几何学和数学被功能化后成为纯粹的形式学科和科技工具，任何学科理论的提出，都变成一种描述性的科学规则，人类的一切努力都趋向了功利性和适用性。自此，物质世界的神秘力量消失了，人类的终极意义和价值彻底地沉沦了。最终我们发现，备受遵从的科学概念框架与现实性并不相符，看似真理的宇宙原子理论，也无法解释人类行为的真正问题，于是，胡塞尔断言的欧洲科学危机出现了。

在1800年之前，建筑师绝不会去关心形式语言，不会关心用什么风格建造，因为形式是生活方式的具现，是文化的直接表达。但是始于迪朗(Durand)的功能分析，却将原本丰富的生活形式单一化了；而散帕(Gottfried Semper)则率先将设计等同于代数方程，将建筑简化为一种技术过程，建筑文化的多样性在实证主义的框架下荡然无存；科学的确定性所导致的同一性与人类空间感知的多样性始终相抵牾；当代西方建筑思想处于过多的形式主义挣扎中而无法自拔。正是从这一时期开始，建筑的危机也逐渐浮现出来。

现象学的基本任务正是对这一危机的追问，是对人类丢失的意义的重新寻找。因此，欧洲科学危机所引发的建筑学或建筑意义的危机之解决，顺理成章地找到了现象学的思想武器，这便有了所谓的建筑现象学。因此，建筑现象学应当是一门以建筑活动为对象的学说，一门致力于建筑活动描述以及建筑活动规律的本质直观的学说，是在本质直观的基础上对相应的建筑行为、活动的反思、描述、分析和归类。据此，必然会寻找到建筑学或建筑意义危机的源头，找到形式的起源这一建筑意向性的主要问题。这即是胡塞尔意义上的建筑现象学。加拿大建筑理论学家 A.P. 戈麦兹的《建筑学与现代科学的危机》一书，即是在这一思想理路上所做的探索(图 1)。

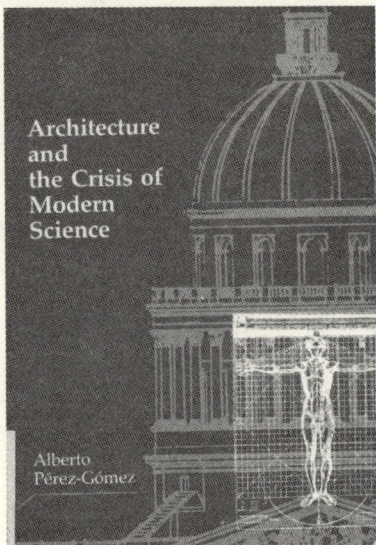

图 1　加拿大建筑历史学家 A・P・戈麦兹所著的《建筑和现代科学危机》一书。在该书中，A・P・戈麦兹从历史的角度和欧洲科学危机的历史境域，讨论了建筑如何从理论与实践一体的有意义建造，演变成单一的功能化和技术化过程

"现象学与建筑之间还有一种可能的关系，这个关系不是人类活动与对它进行反思探究之间的关系，而是一种引导性的思想与被引导的人类活动之间的关系。这个关系发展结果应当是现象学的建筑学。"[1] 在《筑・居・思》一文中，海德格尔提出了要把建筑看作是一种思想的任务。如果我们确然知道门是什么这一问题，也就会知道人是什么的问题。因此，对一个典型的建筑问题，如门是什么的回答，也就回答了人是什么或我是谁这一典型的哲学问题。门与我是共在，是一体，是整个世界。因此，建筑问题即是哲学问题，反之亦然，哲学的思考，必然是建筑的思考，这也再一次例证了哲学家和建筑师角色互换的可能性。这是海德格尔意义上的建筑现象学。挪威学者诺伯・舒尔茨(Christian Norberg-Schulz)的研究大致可划入此列，但舒尔茨的理论总让人感觉是把海氏的思想当作药引子。以我个人对挪威的体验和理解，其实，挪威

人的建筑思想无需源于对海氏思想的解读，而更应该是源自生活的自然流露(图2)。

让我们还是回到对门的讨论。从自然科学的层面上，关于门的问题必然要通过观测、验证、归纳、推理、因果等做出对门的描述和理性的分析、解释，进而做出相应的功能化设计。但门之所以为门，始终与人身体的通过关联在一起的，没有"通过"这一身体的意向性，门即丧失了作为门的意义而变成一堵实实在在的墙。因此，当人触及门的那一刹那，人不仅经验到了门这一事物的物理与几何属性——木制的或是铁制的，重的或是轻的，方形或是圆形，平开的或是上下推拉等——同时还经验到了被门分隔的两个空间的存在。因此，对门是什么，或空间是什么的进一步追问和回答，都寓居在身体这一场所中。由于只有通过身体的维度才能将外在现实环境与内在空间经验联结起来，因此，一切空间(建筑)的塑造都成为与身体相呼应的一种秩序的塑造，身体的意向性或身体的经验，便构成了建筑设计的惟一推动力和本质(图3)。这即是法国现象学家梅洛·庞蒂意义上的建筑现象学。遵从这一学理的建筑师颇多，如美国建筑师斯蒂文·霍尔，瑞士的卒姆托等。当然法国现象学之于建筑学的资源似乎还可以罗列下去，例如加斯东·巴什拉的空间现象学、德里达的解构主义现象学、福柯关于权力的空间解释学等，不过这些线索已超出了本文的范围。②

图2 挪威第二大城市柏根城市片断，展示了挪威自然环境与人居环境的融合(作者自摄)

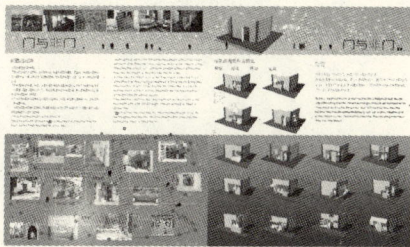

图3 "门与非门"，2004年北京国际建筑双年展获奖作品(作者：马振华等)，讨论了身体与门的关系和对设计的意义

当然，从人类的思想历程来看，任何学说都可能在对人类智性的矫枉中过正，现象学亦不能免俗。现象学的反工具主义、反功能主义和反知识论的立场，使其对"精神"、"意识"的理解必定要归于一个独立的"实体"，将人的"意识"、"精神"理解为一种存在的形式，而不是在社会交往中产生的理智功能，从而致使"孤立主义"成为现象学思想方式中带有根本性的倾向。如果人的精神世界不是社会交往的结果，而是一种不借助任何符号、工具的直接性的意义结构，它必然会是一个自我封闭的系统，这也是整个现象学遇到的最大的问题之一。

正是基于此，以法国为代表的西方马克思主义者对此提出了深入批判。受到亨利·列斐伏尔③日常生活批判思想的影响，20 世纪 60、70 年代的众多建筑师或艺术家团体，如情景主义国际、建筑电讯派等，提出了打破海德格尔在乡村独自漫步式的思想状态，"要扭转乡村式的定居状态，在非居与定居之间找到真实生存的'情景'"④，从都市的日常生活状态出发，通过把建筑作为人类最大的空间游戏，去抵抗和挣脱资本主义加之于人身体的束缚。其左派知识分子的批判维度，引导了社会对底层和弱势群体的关注，对低技、廉价、临时性和自建房屋的需求以及都市中废置空间再利用的关注。据此，建筑学这一古老的知识系统重新具有了转化社会的力量，这或许可称为列斐伏尔意义上的建筑现象学。

四

在一个变化和有限的世界中去创造秩序，是人的思想和行为的终极目标。人的感知也许从来就不会超出范畴的框架，理念和现实、普遍和特殊，这些在感知中被给予的范畴，构成了意向的领域，同时也构成了存在的领域，一个用语言，一个用空间，在这个意义上来看，哲学家和建筑师干的是同样一件事情。因此，完全有理由相信，哲学家和建筑师的联手，必定能构建出人类理想的家园和"诗意的栖居"。这也是自己当初经过多年的建筑学专业的学习和工作后，到武汉大学哲学系师从邓晓芒先生的一个初衷，书中收入的文字大都体现了自己试图将建筑与哲学放在不同层面上进行对话的尝试。

图 4　位于挪威柏根的原初人居环境

图 5　美国建筑师 S·霍尔设计的位于华盛顿大学中的小教堂入口

注释

① 引自倪梁康在 2008 "现象学与建筑" 研讨会上的主题发言
② 颇为遗憾的是本次会议的讨论大多集中在德国现象学以及与其相关的建筑

问题，而未涉及法国现象学的思想资源。这也是会议筹备期间所担心，但终未能避免的。

③ 亨利·列斐伏尔是一位具有浓郁现象学思想的马克思主义者。其思想对 1968 年的五月风暴影响重大。

④ 参见季铁男，"现象学理论作为当代建筑学的奠基石"，2008 "现象学与建筑" 研讨会论文集

视域与手段
——艺术家与建筑师的当代融和

从建筑创造性的初始，画家和雕塑家就影响了建筑的艺术和工艺，而艺术家也常常在其作品中借鉴建筑元素，以丰富其创作的素材和内容。在当今，建筑师、画家、雕塑家，甚至是作家和诗人一起工作的范例更是不胜枚举。在与其他艺术门类的合作以及要素和经验方法的借鉴中，不仅开启了建筑师新的视域，帮助他们了解了事物表象的多样性，而且为建筑师带来了新的灵感，大大地激发了建筑师的创造性，从而使建筑师能够与当代的各种艺术形式取得认同。

一

在中世纪以及中世纪之前，绘画和雕塑是建筑整体的一部分。绘画和雕塑的作用仅仅是对空间、墙体和顶棚进行装饰。在中世纪之后，绘画和雕塑才逐渐从作为背景的建筑中独立出来，成为了专门的艺术形式。到巴洛克时期，特别是在晚期的室内空间中，建筑与绘画和雕塑的等级关系被完全颠倒过来，绘画和雕塑成为了建筑空间的主宰(图1)。在近代以及现代，建筑与绘画和雕塑仍然有着紧密的关系。许多建筑师往往是以画家的身份或是痴迷于绘画而开始其职业生涯的。像 Chermayeff, Feuerstein, Aalto, Nelson, Casson, 勒·柯布西耶等建筑师，他们生活中的很多时间都在从事着艺术创作。

Serge Chermayeff 就是一位杰出的画家。当他收藏的毕加索的作品在战争中被损坏时，Serge Chermayeff 自己重画了被损的部分，然后拿给毕加索看，毕加索对 Serge Chermayeff 所修复的画给予了很高的评价，甚至认为超过了原作。勒·柯布西耶喜欢绘画胜于建筑，对勒·柯布西耶来说，绘画和雕塑是其建筑创作的秘密实验室。在绘画和雕塑中，他探索、感知和表述其空间的概念，并探索在建筑中重新生成这些概念的各种方法(图2)。奥托则从画静物中获取对空间的感知。对奥托来说，现代建筑的进程始于绘画。奥托认为，绘画和雕塑是其建筑之树的分支，要想了解建筑之树，就必须了解树的分支。密斯将蒙德里安的作品直接转化成建筑设计，更是建筑与艺术结合的佳话。在蒙德里安的作品中，一个看似简单的用黑色和白色的线定义的色彩平面构成，具有了某种动态的节奏关系，正是这种动态关系，激发了密斯形成了空间的流动性这一概念，并且墙体可以无限地向自然景观延伸。室内和室外空间无非是对同一种东西的简单的调节，并且在随后几年的作品中都沿用着这一概念。

图1 圣母玛丽亚教堂室内

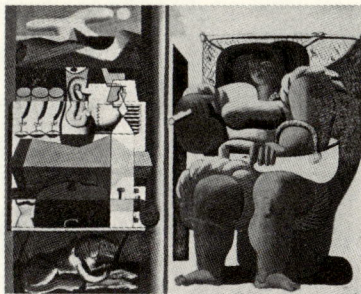

图2 勒·柯布西耶的画作

当学科分化日益加剧，技术逐渐演变为建筑师的主要灵感来源时，绘画、雕塑与建筑也日益彼此孤立起来，就连自身是画家的勒·柯布西耶，也将注意力转向了机器和工程技术。尽管在20世纪40年代，建筑杂志始终为艺术类的文章留有版面，但在二战结束后，技术和机器美学几乎占据了建筑创作的主导，建筑师也再次从艺术家中分离了出来。

二

在20世纪现代都市环境中，在摄影和电影开启的新的可能性中，迫使艺术家必须对城市的社会和政治构成作出反映，对社会现实进行批判。建筑和城市问题成为了艺术家工作整体的一部分，例如未来主义、超现实主义、达达主义和情境主义。这些艺术家对当代城市生活脉络中个人位置的关注，对事件叙述的关注，伴随着一种对个体在城市中的经验的强调，实际上也是对现代主义绘画和雕塑的抽象原则的一种批判，是对现代主义艺术单纯的形式思考的反动。

在欧洲，特别是在英国，建筑师发展出基于叙述和对城市环境经验调查的概念，并从20世纪60年代开始，对建成环境以及对建成环境个体主观经验式的调查，成为许多建筑师工作的重点，其中情境主义和建筑电讯派（Archigram）是典型的代表。而未来主义、达达主义和构成主义则不断试验着那些视觉经验，认为这些处于实验中的事物可能会成为下一代的日常现实。在这个层面上，艺术成为建筑师看待事物、发现问题以及对条件和环境研究的一种方法，而不再是建筑或城市设计的一种辅助的手段了。

直到20世纪50年代，建筑师主要还是通过绘画和雕塑作为其探索和表达空间形式的手段，但除了在形式上的发展外，建筑的工作还很少受到同时期艺术行为和创作方法的影响。如今，艺术不仅可为建筑师提供各种新的理念，而且还可提供艺术家工作的方法和技巧，这些工作方法和技巧在 60 年代建筑的转化中起到了重要的作用。许多的建筑师通过采用拼贴和写诗，或是设计一些装置等形式，跨向了过去被艺术家所统治的领域。

埃森曼在威尼斯卡纳雷吉奥城市设计竞赛中 (Cannaregio) 的设计策略与德国艺术家库尔特·施维特斯 (Kurt Schwitters) 在作品 "Correggio" 中所使用的极为相似。在 "Correggio" 中，库尔特·施维特斯将不同时期的包装纸、车票和明信片等加以并置、层叠和拼贴，致使要素各自的轮廓和表面均已模糊，但要素的材质和尺度却清晰可辨(图3)。当然，埃森曼决不会仅仅满足于形态的打散与重组，他所希望的首先是错位而不是形态的裂解，使它们在新的状态下承纳新的意义。其次，这些要素尺度的缩减就好像是浓缩或蒸馏，其作用类似于弗洛伊德对梦解析的过程，从而具有了一种更潜在的原则，使人们回复到一种原初状态而忘却所谓概念的起源。

Haus-Rucket-Co 的作品既关注经验性的调查方法，并且记录下个体对城市的经验和感知。例如在 "可吃的建筑" (Edible Architecture) 中，Haus-Rucket-Co 将一个用蛋糕做成的巨大的纽约中央公园模型放置在舞台上，邀请纽约市民来一起 "共享" 他们的城市，从而构想出一种在建成环境中公众参与的概念(图4)。在 Haus-Rucket-Co 看来，在当代建筑的日常的事务中，与各种团体的参与和协商越来越少。在设计过程中，建筑师和使用者的脱节严重，特别是在公共建筑和社会住宅上。因此，在这个意义上，Haus-Rucket-Co 的工作可以为建筑师提供有用的参考，使其能够质疑建筑师脱离公众的个人式的假定，形成整体和参与的

图3 德国艺术家库尔特·施维特斯的拼贴画

图4 "可吃的建筑" 行为艺术活动现场

概念。伍兹(Lebbeus Woods)近期的创作同样体现出这种参与和体验的理念。在很长的一段时间内，伍茨的建筑创作都是以自我命题的方式进行的。尽管他创造的建筑世界是虚幻的，但作品的现象具有一种真实的、震撼人心的力量(图5)。这种对现存建筑状态的批判在近期则转化成在纽约曼哈顿的一系列的对城市空间的介入。他所主持的"体验建筑研究所"通过一系列放置在曼哈顿城市空间中的装置，试图打破人们现有的习以为常的生活和空间节奏，重新思考城市空间与日常生活的关系和意义(图6)。

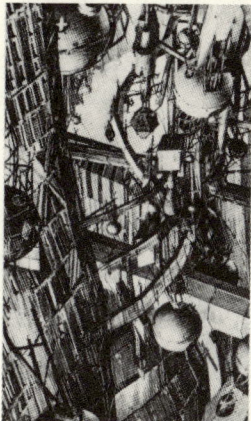

图5　美国建筑师 L·伍兹的
乌托邦空间

图6　"体验建筑研究所"的作品对曼哈
顿城市空间的介入

三

在当代，源于杜尚、达达主义和维特根斯坦的哲学(词语的意义在于其使用中)的概念艺术，称颂的是艺术的理念而不是其形式，绘画的技巧已经无关紧要。不仅如此，艺术与生活、艺术与环境以及艺术与建筑的界线越来越模糊。当代的一些建筑师，我们已经很难将他们的工作区分为是艺术创作还是建筑建造。如奥尔索普(Will Alsop)、哈迪德(Zaha Hadid)、里伯斯金(Daniel Libeskink)、伍茨(Lebbeus Woods)、埃森曼(Peter Eisenman)、库哈斯(Rem Koolhaas)、库克(Peter Cook)、梅恩(Thom Mayne)、屈米(Bernard Tschumi)等。

这些建筑师的设计和建筑大都源于 20 世纪的意识运动和潮流，他们设计的建筑不只是包裹着表皮的结构，也不是仅供使用的空间，而是能展示居住和使用者的个性、行为，可以使路人兴奋喜悦，甚至可以参与其中从事艺术活动的复杂的三维艺术作品。对于这些建筑师或是艺术家而言，模型、画作是其个人表述的一种媒介。他们的艺术和建筑混合在一起，形成了一种全新的文化习语和现象，甚至成为一种时尚被人追捧和仿效。

艺术和建筑是否再一次融合了？是否我们真的要像拉斯金(Johan Ruskin)在100多年前指出的那样：要想在建筑领域获得成就，必须去学习绘画和雕塑吗？德国建筑师盖威尔(Mc Geiver)的许多作品就是对该问题所进行的思考。Mc Geiver开始是作为画家而受训的，他的作品始终体现出这种背景，即处理某一特殊场所的二维的表象。但是这些作品都是在场所自身中发生的，例如在"表面制图"(Drawing Surface)中，Mc Geive用1.5公里长的聚丙烯绳和绝缘的磁带，在磨坊旁的水塘上画出了一个磨坊的镜像倒影(图7)。这似乎与建筑施工的放线有点相似，但放线这一工序已与建筑师本人无涉了。除了一种对制图和透视工具的实践、效果和潜力的探讨(两者都是建筑师所关注的)，该作品还提供了对另外一个问题的拷问，即建筑师现在已经不再直接与他思考的对象工作，而总是通过一些其他的媒介来设计建筑。但画家和雕塑家则不同，尽管他们仍然会花上一些时间勾勒草图和做初步设计的模型，但最后完成的作品本身总是与艺术家自身的身体发生着直接的关系，从而也凝聚着艺术家最多的心血和努力。

图7　用尼龙绳在水面模仿制图

作为一种对基地的直接介入和对制图和透视工具的实践和效果的探讨，这一作品可以作为建筑而被直接描述。尽管如此，其艺术的价值在于观看者对一种空间格局知觉以及与之相关的意象的质疑。Drawing Surface使我们想起建筑师建立的一些工作方法，例如使用比例模型，会是相当成问题的，它提供的是一种解决空间问题的虚幻的控制感。

在过去，工匠通过自己的手工艺建造出各类建筑和与之相关的工艺品，直到比例、透视和几何学的发展，建筑师才逐渐用绘画和模型来表达其设计理念。对于绘画和雕塑来说，各要素之间的空间关系是至关重要的，这也是迄今艺术训练在建筑教育中仍然占有如此重要地位的原因。而计算机的普遍使用，似乎使得发展了上千年的绘画和模型的表达和研究方式在逐渐消失，特别是在建筑的内涵与外延都发生了颠覆性变化的今天，如何将当代艺术所开启的视域和方法进一步地与建筑结合，就是我们必须思考和迫切要回答的问题了。

参考文献

[1]　Lebbeus Woods. Ground. Wien New York. 2003.

[2]　AD May/June 2003. John Wiley & Sons Ltd.

零度化与日常都市主义

汪　原

在一个不断变化的世界中去创造某种秩序，是人思想和行为的终极目的，空间塑造即是其中最重要的秩序创造之一。通过身体的活动，将内在的心理感知与外在的空间现实联结起来，从而使外在的空间具有意义，这便构成了空间塑造的推动力和本质。但是，随着当代科技的发展，尤其是资讯技术的突飞猛进，打断了身体活动所具有的这种联结作用，致使内在的心理感知与外在的空间相脱离，空间的塑造被抽象成为单纯的形式符号表征，用法国哲学家罗兰·巴特的话说，空间呈现出零度化的倾向。

一、现代都市与零度化

零度化这一概念是出自语言学的研究，罗兰·巴特指出：当某一符号的意义需要用另一个符号来解释时，即构成了符号解释的循环链条，由于无法落脚于真实的事物上，意义则会在对下一个符号的无限期待中消失，呈现出零度化的状态。这种零度化，也在当代都市的各个层面上体现出来。

首先，从都市中人与人的关系来说：在过去，人与人的交流是直接的、面对面的交流。一句话，一个身势，甚至是一个眼色，对方便能心领神会。但是，在虚拟技术的支撑下，这种直接交流被各种终端和界面所取代，人际间充塞或流动的只是信息与符号。一方面人们充满交流的渴望，另一方面又似乎没有什么需要交流或不知该如何交流，这就像周杰伦满嘴哼哼唧唧的快歌，有的只是情绪的宣泄，而听不清到底说了什么，这种状态即是语言的零度化。

其次，从人与事物或空间的关系来说：城市节奏的变快或速度的提升，使人们对事物的感知以及留存在感觉与记忆中的事物均由片断的影像和符号组成，这种时空背景的抽离（时间抽象所导致的空间抽象），致使事物与真实的场所分离，使空间徒具形式外壳而无意义可言，从而呈现出意义的零度化。

再次，从都市规划学科的角度来说，规划设计已经被简化为一种工具。一方面，从业人员关注的是各种空间、功能以及相关要素并置的条例和法规的制定；另一方面，各区域空间和功能配置都围绕着某一中心，以某种相似性，将各种要素结合为一个整体，致使同质性压倒了源于自然、历史以及日常生活的差异性与丰富性。根据功能最优化而新建的城镇和重建的老城，被简化为各种具有易识别性的空间符号，而大量现代主义城镇规划的空间，如尺度宏伟但缺乏主题性或象征性的城市广场、虽经规划设计但功能单一的空间以及规划设计所遗留的边缘空间等，都呈现出不同程度的使用的零度化。

最后，从都市的居住者或旅游者的角度来说，他们变成了单一城市功能的目击者或见证者。对都市空间的多样体验，被简化为一种现代博物馆式的参观体验，其路线、速度、姿态、言说以及声音都被各种介绍和指导说明所控制。在参观者身体被限制的同时，创造了一种"有组织的漫步"，多样性的满足和需求被遏制和抹杀，从而呈现出需求的零度化。

对此类现象，法国哲学家亨利·列斐伏尔精辟地指出："旅游者并不专注于威尼斯本身，而是专注于威尼斯的词语、导游书中写下的词句以及演讲者讲出的话语、扬声器和录音机中宣传出来的东西。这实际上是一种社会的零度化存在状态。这种经验价值和现实价值的无效，使得物体的零度呈现出来，使需要的零度、时间的零度呈现出来，从而建构出一种纯粹的形式空间。"①

当传统城市的象征性、多功能混杂性以及空间的差异性被意义虚无的形式空间所替代，都市的日常生活即会变得贫乏，都市应有的活力和创造性也会丧失殆尽。

尽管如此，人们对这种简化式的建筑或城市空间的反应并非只是无奈和被动地接受，对零度化的抵抗随时都发生在街头、广场、都市边缘空间或建筑的隙间等这种都市空间中，同时也发生在惯例化的都市时间中，发生在都市体验的商业化和稳定化中。正是这种抵抗，抽象空间的冰冷与单调重新变得温暖生动，空间的碎裂和使用的缺陷，变得更为整体和完善。也正是通过这种抵抗及其对特定空间的投射，使被理性简化而失语的空间再次恢复了言说的功能。这种抵抗就是所谓的日常都市主义。②

二、日常都市主义

在日常生活中，我们所经验到的似乎都是平淡和陈腐的日常事物，但亨利·列斐伏尔则把日常生活看作是各种意义的储藏室，不管是平常的还是非常的，全都隐身于最通常的事物中，一旦人们开始去巡视日常生活，它就会开启并揭示出令人惊异的丰富意义。而日常都市主义正是一种源于这种日常生活的、重新发现既有空间意义的都市主义趋向。

日常都市主义试图将不断变更的、陌生的都市环境再熟悉化，使其成为都市居民熟悉的环境，甚至变成像室内一样，成为一种更温暖柔性的、适宜居住的场所。都市环境再熟悉化的过程，是对日常生活经验的重新关注的过程，它不是要再造一种全新的空间形式，而是通过在原有的场所环境中意义的再发现，使环境变得更为人所熟悉，从而去替代陌生和疏远。因此，日常都市主义与其他的以形式和视觉形象为目标的都市主义倾向，如新城市主义和后城市主义截然不同。新城市主义，是企图回复传统的空间形式，再造一个全新的都市空间；而后城市主义，则企图凭借先锋、激进的空间策略，通过重新塑造新奇的空间形式，使日常的空间经验陌生化。

在都市中，使空间环境再熟悉化的过程似乎随处可见，它是都市居民经济和文化行为的一种副产品。例如，在美国的许多州县，每逢情人节、母亲节等节庆日，商贩就会把自己平时不用的手工艺品装满小推车，聚集在像停车场之类的公共空间，销售自己不经常使用的各种居家小玩意，或是在篱笆墙上销售旧衣物等(图1)。这些发生在公共空间的极为日常的生活行为，或是将一些被忽略的而少人问津的空间转化为新的使用空间，或是将家庭经济扩展到了城市空间中。

图1　每逢节庆日，美国许多州县的商贩销售各种居家小玩意或旧衣物

更令人关注的则是儿童与青少年对都市空间环境的再诠释。例如在武汉汉正街，儿童将堆满货物的毫无意义可言的街道空间变成了充满欢乐的嬉戏场(图2)；用于防盗安全的铁栅栏，经儿童的创造性使用，将冰冷隔绝的空间变得充满童趣和生机(图3)；在冷清的武汉某商业广场上，滑板爱好者对各种空间小品的重新使用，极大地增添了公共空间的市民气息(图4)。在意大利的罗马，下午5点即关门的某购物广场，变成了街舞少年的舞台，原本从5点起至夜晚长时间无人使用的冷清和乏味的空间，由于街舞少年充满个性的身体展示而赋有了新的意义(图5)。这些日常生活的行为，就像是在公共空间中展开的与空间环境全新的对话，这种对话将无论是形式维度上的还是功能使用上的单一、绝对，甚至是独裁的空间环境上进行了软化，并重新注入了丰富的意义。

图 2 儿童将堆积货物的空间变成了嬉戏场

图 3 用于防盗的铁栅栏成了儿童的游戏器具

图 4 武汉某商业广场上的滑板爱好者

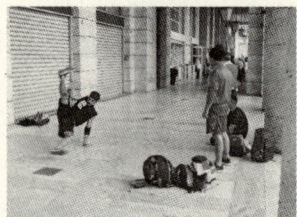

图 5 下午 5 点即关门的罗马某购物广场上的街舞少年

日常都市主义实际上反映的是一种对待当代都市的态度——不仅仅是对空间单一化、标准化的抵抗，其隐含的是对当代都市的意义和空间运作模式的批判。当代都市的抽象空间一方面用其同一性掩盖了许多矛盾，另一方面又滋生着更多的矛盾。在其中，不仅发生着旧有关系的分解，同时也在不断生成新的关系，孕育着一种新的空间，从而致使同一的抽象空间注定不会永久持续。因此，日常都市主义也是一种挑战都市生活形式和政治机制的批判实践，在其批判实践的细微方式中，必将催化和诞生新的差异空间。

但是，这种日常都市主义的倾向在很大程度上并非一种有意识的理论追求，也不是一种系统化的政治计划，它强调的是一种随机的游戏和愉悦，而不是某种专业化的工作，针对的是空间的使用价值而非交换价值，是根据不同的环境所做出的身体反应和适宜的身体行为。它在根本上是经验式的，是多义的而非标准化的，因而它不会生成某种单一的设计产品。据此，它必然构成对以资本和消费为主导的空间生产的批判和抵抗。这种批判实践是伴随既存的空间环境开始的，是主动性地介入，而不是被动性承受，是一种对话和再熟悉化，是在这一过程中，让规划者和设计者重新思考空间潜藏的可能性。

三、日常都市主义的空间实践

既然日常都市主义是对现存空间环境的再解释，其空间实践或设计就不像其他的都市主义对空间的转化那么直接和有力。要将日常都市主义与规划设计相关联，使其成为都市空间的一种新的转化力量，就必须重新关注被传统规划设计长时间所忽略的日常生活，重新理解日常生活与空间环境的关系。

首先，日常行为通常发生于家庭、工作场所和其他的公共空间中，也更经常发生于这些正式的空间环境之间的一些不明确的和模糊的空间领域。作为日常行为的物质领域，空间总是与日常生活有着非此即彼的联系，正是发生于这些不明确和模糊的物质领域的日常行为，使边缘的、被人遗忘或废弃的空间成为一种新型的公共空间。这种空间是与经设计的公共空间相对的，与那些清晰界定的、有着统一和明确特征的空间区域如广场是正相反的。这类空间平淡而重复，甚至极为平庸，根本构不成所谓形式或审美的问题。这些不明确和模糊的空间常常被描述成普通的和一般化的，但是，你若将镜头聚焦，近距离地观察栖居在其中的人和行为时，它又变得高度的特殊。正是它的无处不在的特质，使人往往有所忽略而显得无处在，但它又无时无刻不在发生着效用，并随着逐渐的积聚，其空间潜在可能性又会重新凸显。因此，日常都市主义的策略常常是情景式的，其设计方法也可以大致归纳为两个特征：①微观和低技；②关注时间甚于空间。

（一）微观和低技

日常都市主义并不想通过整体的总体规划、大尺度的操作或理想的实践去转变世界，它是一种易于操作的、根据不同情形而随机制定的、微观和局部的设计策略，采用的是一种完全低技的方式或途径。其兴趣是将现存的环境进行翻新，从而去更好地承载日常生活或引发新的空间行为。它常常在现存的城市环境的隐蔽处和裂缝之间起作用，尽管每一次的作用变化可能非常微小，但是随着这些微小的变化不断增长和积累，即能促使环境发生更大的改变。

这种微观或局部的实践，是有某种特定环境指向的，因此，它不是一种可以任意套用的方法，也不是要取代其他的空间设计实践，而是要与这些空间设计实践共同工作，互为补充。图6所示即是2007年华中科技大学建筑学院与挪威柏根建筑学院联合对武汉汉正街城市空间研究中的一个案例。由于汉正街高混杂和高密度的空间特点，儿童鲜有自己

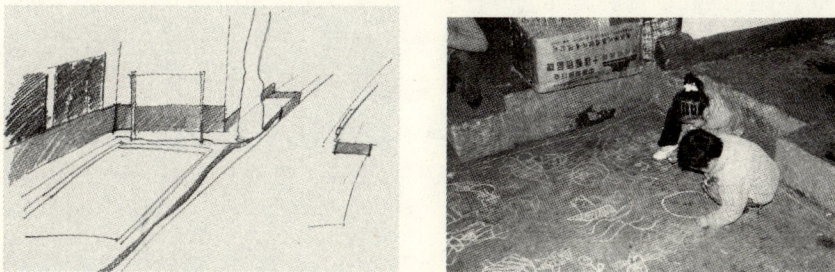

图6　用红色油漆限定儿童玩耍的空间

游戏的空间，大多在车流穿行并堆满货物的街道上玩耍。设计者将儿童经常玩耍的空间用红色进行了重新限定，通过用最简便易行的方法提升了游戏空间的领域性和环境品质。

（二）关注时间甚于空间

日常生活是与时间紧密结合在一起并通过时间而建构起来。这既包括自然的时间——白天与黑夜的轮转，四季、周年以及气候的循环，还包括被现代性强加的时间表，如工作时间、周末、节假日等。因此，对时间的重新设计是日常都市主义给我们的一个重要启发。

图7所示是位于麻萨诸塞城郊鲜塘商业街（the Fresh Pond Mall）改造项目。原有的商业街是一个普通而毫无特色的购物场所。通过对该商业街24小时使用情况的详细调研，设计者发现该购物街使用时间表中潜藏着高度混杂性和丰富性。例如除了有白天通常营业的食品杂货店，入夜后直至凌晨，仍然有多家店服务于周边大学的学生；例如在凌晨2：00，沿着商业街背后的街巷，朋克摇滚音乐吧正在忙碌；即便在周末也从没有停过的在麦当劳中进行的生日聚会；与节假日商业街的店铺大都关门歇业相对，电影院则挤满了人；与上下班高峰时段车满为患相比，高峰过后以及夜晚的停车场则极为冷清而毫无人气等。

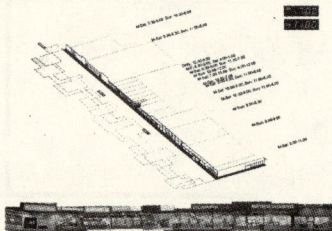

对麻萨诸塞城郊鲜塘商业街进行
时间上的改造设计

白天广场空间可作停车场

夜晚广场空间则用作汽车电影院

图7　麻萨诸塞城郊鲜塘商业街

基于这种分析，设计者提出一种"公共时间"的概念——与公共空间相对，即通过改变和调整营业服务的时间表，让各种临时行为和不同的人群能够在"公共时间"段中有着更多的碰面和相遇的机会，从而提高了使用的混杂性。与此同时，在无人或少人使用的时间段上，将新的使用功能引入原有的空间中，使原来功能单一的场所有着多种行为功能的叠加和共存，在彼此的相互诠释中建构出更为丰富的意义层。例如在夜晚空旷的停车场设置通宵的汽车电影院，与其他仍然营业的店铺一起，共同构筑了极有人气的使用氛围，消除了夜晚来购物、宵夜和聚会的使用者心理上的恐惧。

显然，该项目的设计策略并不是要把整个商业街变成各种功能模块汇集，并形成全新的、极富新奇空间形象的商业中心，而是在保留商业街原有空间形态的基础上，去强调不同时间段中多样性的切入，通过改变平凡的日常时间表，强化了日常的体验，从而达到改变或提升建筑空间品质的目的。

四、结语

日常都市主义对都市空间的介入的兴趣在于把城市当作是一种文本来阅读，关注的是意义的再发现和解释，关注的更多的不是空间设计能够做什么，不是其实施的行为和过程，而是空间设计意味着什么，是如何通过微观低技的方法，重新对既存的空间环境进行解释，或使原有但潜而不显的意义凸显出来，从而使我们对空间环境更熟悉并因此感到更舒服。因此，日常都市主义在根本上更像是一个城市空间的评论员，一个解释者，而不是像其他的都市主义一样，有着巨大的直接转化城市空间的能力，但日常都市主义却能够通过微观的逐渐累积，而将越来越碎裂的城市空间重新联结为一个充满活力和创造性的整体。

注释

① 刘怀玉. 现代性的平庸与神奇. 北京：中央编译出版社，2006，354.
② 日常都市主义是与 20 世纪 90 年代西方的学术话语相一致的，受列斐伏尔日常生活的思想理论的影响，一些学者，如地理学家和城市学家大卫·哈维、爱德华·索加等，他们试图去寻找隐藏的或被遮蔽的琐细的日常生活中的意义，特别关注的是专业城市设计所忽略的事物，试图在这些事物中，去发现丰富意义的关键。

参考文献

[1] 刘怀玉. 现代性的平庸与神奇. 北京：中央编译出版社，2006.
[2] Rahul Mehrotra. Everyday Urbanism. Distributed Arts Press, New York 2004.

"生成"、"创造"以及形式化的悖论

对于亚历山大的《城市并非树形》，[①]笔者曾有过三次阅读的经历。第一次大约是在本科期间，当时为了完成阅读任务，囫囵吞枣之后，除了记住了几个术语，对作者的基本思想是一头雾水；第二次是为了博士入学考试，在复习与城市相关的文献时，自然少不了《城市并非树形》，虽然当时带有功利色彩，但读完之后，却深受其批判精神的感染，对现代主义油然而生一种切齿的感觉；最近一次阅读是为了给学生开设"经典文献阅读"课，由于心境和仔细程度远非上两次可比，感受也就有了天壤之别。一方面，被亚历山大把握现象的敏锐性深深折服，另一方面，又为这篇有着重大影响的文本在逻辑上的疏漏，导致认识论和方法论之间的矛盾而感到遗憾。

一、"生成"与"创造"：人类两种基本思想维度

在《城市并非树形》一文的开始部分，亚历山大将那些经历了漫长岁月自然成长起来的城市称为"自然城市"，它是以半网络（Semi-Lattice）的形式组成的；将那些由设计师和规划师精心创建的城市称为"人工城市"，它是一种树形结构，这是全文基本的论点，也是最吸引人的地方。他断言，正是这种自然城市的非理性状态，使人们越来越犹豫地去接受彻底规划的都市。许多设计者试图通过引入自然城市的要素而激活现代风格的人工城市，这种尝试到目前为止是不成功的，因为他们并没有把握住城市自身的内在的结构，而只是模仿了自然城市的外貌和形象。当然，亚历山大关于城市的观点与那些打着维持一个适宜人类居住的城市空间的旗号而反对城市规划的"自然主义"的观点是不一样的。[②]

在这里，所谓自然城市和人工城市体现的是人类两种基本的思想类型："生成"（Becoming）和"创造"（Making）。"生成"认为世界是有生命的、成长的形式或有机组织；"创造"则认为世界是一种被设计的艺术品。这两种类型反映了两种世界观：一种将世界理解为生成的，另一种将世界理解为创造的产物。

尽管早在希腊时期，这两种思想类型就已形成，但"生成"说却一直占据主导，只有少数古希腊的思想者持有后一种观点，柏拉图即是其代表。这些少数派要求用另一种理念去确认世间的存在，即"作为建筑

师的上帝"的存在。由于世界是被上帝所创造的，世界就是一种秩序的存在，最终也就可以被认识。因此有学者认为支撑科学基础的既不是数学，也不是确定、严密的逻辑，而是上帝创造的理念，它甚至导致了现代科学的出现。

20世纪初期，现代主义者实际上正是这种理念式哲学家的具体呈现，他们以人类社会的英雄或上帝自居，试图通过改变城市和建筑而改造日益颓败的人居环境，创建一种全新的人类社会。亚历山大敏锐地察觉到了现代主义者所秉承的理念论存在的问题，他对此的批判，不仅试图从根本上证明这种思想在城市空间的规划设计中的不可能性，同时也在形而上的层面上，凸显了柏拉图理念论的不可能性。在这个意义上，亚历山大更像一个思想者。

二、世界观的生成论与分析方法的理念论

在文本中，亚历山大对自然城市和人工城市的分析对比，显示了他试图用形式化的方式来思考城市规划的问题。他企图从一种数学模型的分析中得出理想的城市结构，因为正是这些数学结构，使混沌和杂乱的东西在形式上的重构得以可能，也使我们能够清晰地看到自然生成的事物的结构。在当时，亚历山大受到了布尔巴基学派（Nicolas Bourbaki）的数学结构主义理论的直接影响，③ 该学派的操作方法是：将某种数据的初始状态还原为集合，然后将这些集合要素进行结构重组。而树形结构或半网络结构显然属于布尔巴基学派提出的"秩序结构"。④

亚历山大认为，我们之所以能够在错综复杂的城市空间中提取出所谓的空间模式，是通过对这些混沌和杂乱的要素进行了某种形式化的建构。无论是树形结构，还是半网络结构，都是对城市中的各种差异性要素进行了还原分类，形成所谓的集合（类属），然后再对它们进行形式的建构。例如水果和球，按照事物的性质，水果和球本没有什么关联，但根据几何形——圆，两者可归入一个集合。再比如，瓶盖和象棋子本来也毫无关联，但将瓶盖放入棋盘中，即可代替老帅。当然，若把棋子都换成瓶盖，由于瓶盖之间没有了差异，这棋也就没法下了。从中，我们不难看出，要对事物进行分类，必然预设一种更高的形式层次，比如圆这一形式之于水果和球，某一形式所呈现的意义随结构的变化而发生改变，如瓶盖放在棋盘中，可作为棋子使用。

我们不妨按照这一思路，对《城市并非树形》文本中所提到的报栏的例子进行重新分析。城市中存在着如红绿灯和报栏等各种要素，它们之所以有意义，是因为它们的差异性的形式和生活场景中所具有的效用。报栏所具有的多种重叠功能，使其能够作为一种重新认知的要素，与红绿灯等其他的要素重新构成一种新的空间使用模式，如人们在十字

路口等红绿灯时，会驻足报栏浏览当日的要闻。但是，当场所发生了转换，红绿灯或报栏就可能不再具有同样的功能，也就是说红绿灯和报栏等要素的意义是存在于特定的结构体系中的，而一旦脱离了这种场所体系，红绿灯或报栏等形式要素也就失去了原有的意义，例如把报栏搬到美术馆，它可能就成了行为艺术。

这种思想，也使我们想到了雅各布森（Jakobson）的语音学（Phonology）研究。正是根据数学结构，雅各布森在完全脱离索绪尔语言学差异论的基础上，提出了一种新的语音组织方法。据此，我们可以相当有秩序地把握扑朔迷离的语音现象。但是，雅各布森进一步指出的是：人类在言说中分辨的根本不是声音自身的差异，而是这些声音在语言中的使用，正是在日常的使用中，这些杂乱的声音在语法结构中找到了自己的位置。

至此，疑问便浮现出来。首先，对自然生成的事物进行形式化分析，必然要设定一个更高的形式层次，而这一层次始终是人为预先设置的，比如数学结构。这正如瓦莱里（Valery）曾经指出的"自然创造的东西"始终都比人重新建造的更为复杂，因为人重新建造的东西是通过某种预定的目标而形成的，而树形结构和半网络结构只不过是对某一集合中的秩序结构的不同的命名。是否存在着最高的层次——元层次，以达到对自然生成的事物进行本质的形式化分析？⑤

亚历山大的分析基础是数学结构，作为详查事物关系的研究模式，无论事物自身如何变化，数学研究永恒的、不变的关系，对于人的形式化的努力来说，数学是其最终的标准。树形结构和半网络结构这些数学结构，显然是对事物关系的研究和抽象，但事物的关系是否与事物本身具有同样的存在方式呢？十字路口、报栏或红绿灯之间的关系是否与它们自身同样客观地存在？

这无疑是哲学问题。柏拉图不仅第一个提出了该问题，也第一个作出了回答。他假设关系就是理念，关系仅仅存在于理念的王国。因此，给定的结构不是物体的物质形式，而是一种可转换的规则或功能。如果自然的规律被当作事物关系的典型例证来理解，那么我们会问这种关系是否脱离自然界而存在？如果它存在，那么它存在于哪里？现代哲学试图将这种关系确定在先验的主体性上，康德就认为关系以一种先验的形式而存在，结构主义则将这一思想推到了极端，将世界的结构认定为人类心智的产物。

据此，亚历山大的思想模式与方法论的矛盾就凸显出来。一方面，亚历山大对现代主义的理念论进行批判，并试图用自然城市的"生成"代替人工城市的"创造"；另一方面，亚历山大基于预先存在的数学结构对自然城市的分析，又不断确认和强化了其方法论的理念论色彩，亚历山大在世界观的生成论与他分析方法的理念论上的矛盾，大大地减损了亚历山大的批判力度。

三、源于日常生活的建构

由于亚历山大思路直接来源于结构主义，而结构主义者认为，世界的结构并不是客观世界固有的，而是人类心智的产物，是人脑的结构化潜能对混沌世界的一种整理和安排。因此，结构是先验的，是人的心灵无意识的能力投射于外部现象的，结构形式的根源就在于这个"无意识"。结构的无意识，造成了主体对实在的无法经验性，也就致使形式符号意义的无限延迟。当它被推到结构的中心时，就能发现一种组织结构（Apparatus），并通过这种结构形成整体而超越"人创造的事物"，从而消解任何主体的创造（Making）行为。因此，对于城市来说，所谓的空间模式，也就成了无主体的、通过结构本身去自然生成（Becaming）的东西。但是，我们的城市空间模式真的能将主体剔除在外吗？

我们知道，人的体验和认知不是无基础的抽象，它是源自日常生活的实践，感觉和记忆的符号都是通过对生活世界的现象学还原所提取出的各种形式。城市空间的模式是通过主体在城市的日常生活，也即通过对城市各个要素在日常生活中的使用所构造起来的，是日常生活实践使隐而不显的城市空间或结构凸显出来。脱离了这种由日常生活所建构起来的体系，红绿灯、报栏和其他的城市要素也就失去了其存在的意义。因此，亚历山大的局限性就在于他觉察出空间要素之间存在着关联，但他并不清楚是什么机制建构出了他所推崇的多样性，尽管亚历山大的思想沿着结构主义的思路，但其思考似乎只停留在了结构形式的表层，他所强调的不过是半网络结构多样的特征是基于单一化的基础之上的，半网络结构比树形结构有着更多的交叠，从而可以构成空间的多样性，这也是在《城市并非树形》中充溢着富有希望的空间隐喻，但缺乏对空间结构生成过程分析的原因。

四、结语

人类面对外部世界的形式化努力，总是力图使认知和思维趋于简化，不仅是树形结构，即便是半网络结构也要比"自然创造的东西"简单。但日常生活正好与此相反，尤其是前工业时期的日常生活具有区域的多样性和地方的同一性等特征，具有一种下意识的形式，这也是前工业时期城市的主要特征。但随着现代性的降临，理性化的增长带来不断的分裂。特别是在二战后的20年中，技术和官僚的统治已经渗透到几乎每一个存在领域，导致了功能和社会分化的不断增加，家庭生活、休闲时间或文化活动的几乎每一个层面都无法逃脱系统化，这种无情的理性化是当代城市最大的现实。当代城市整体性的缺乏，使日常生活被不断地分裂，使其失去了对城市各要素进行建构的能力。而亚历山大试图通过城市规划或城市设计来改变这种城市现实的思路实际上又回到了现代主义的逻辑之中，他希望从小的系统——简化的模式语言——去重新创建大的复杂的系统——建筑或城市——的努力也就注定不会成功。

注释

① 克里斯托弗·亚历山大. 城市并非树形. 严小婴译. 建筑师. 24.

② 在 19 世纪，许多建筑师和规划师看到了技术给城市发展、城市生活带来的巨大灾难，开始思考如何保护大自然和充分利用土地资源的问题，赖特的广亩城市就是自然主义的典型代表。

③ 布尔巴基(Nicolas Bourbaki)是一群主要来自法国高等师范学校的数学家的笔名。这个学派的人深受大卫希尔伯特和 E·纳塞尔影响，前者是数学界的领袖，后者被称为"抽象代数之母"，整个布尔巴基学派的观点就是用结构(群)来重新划分并演绎数学体系，是一个完全不同的方法论。布尔巴基是一个集体的笔名。20 世纪 20 年代末，法国巴黎大学有几名大学生，立志要把迄今为止的全部数学，用最新的观点，重新加以整理。这几个初出茅庐的青年人，准备用 3 年的时间，写出一部《数学原本》，建立起自己的体系。这当然是过高的奢望，结果他们写了 40 年，至今还没有完成，但是布尔巴基学派却在这一过程中形成了。他们在数学界独树一帜，把全部数学看作按不同结构进行演绎的体系，因而以结构主义的思想蜚声国际，赢得了数学界的赞扬。

④ 列维斯特劳斯也是被这种对混沌中的秩序结构激发了灵感。

⑤ Kojin Karatani. Architecture and Poetry. *Architecture as Metaphor*, Massachusetts Institute of Tecnology, 1995.

生产·意识形态与城市空间

亨利·列斐伏尔(H. Lefebvre)对于中国学术界来说并不陌生。早在20世纪80年代初期，作为西方马克思主义理论的代表之一，列斐伏尔就已经受到高度关注，但列斐伏尔关于空间以及城市问题的研究却一直被国内理论界所忽略，这似乎与列斐伏尔在法国社会文化界和思想理论界的重要地位不太相称。城市社会学家爱德华·索加(Edward Soja)①对列斐伏尔曾经这样评价到：在开创和探索社会空间的无限层面上，列斐伏尔所发挥的影响是任何其他学者无法企及的；在将历史性、社会性和空间性三重意识辩证地跨学科结合起来的努力上，其影响也远远超出其他学者。② 也正是他所涉及的空间理论与空间实践，使列斐伏尔的思想超越了一般意义上的城市研究和社会分析。

一、意识形态的城市空间

在20世纪60年代初期，随着反殖民运动的高涨，法国政府陆续将对殖民地的大量投资转向了对国内空间的重新规划，因此城市问题逐渐在国家和社会政治生活中占具了重要的地位。城市问题不仅凸显出整个国家的社会和政治进程，而且还直接影响着公共政策的制定和执行。正是在这一时期，列斐伏尔意识到规划科学的目标反映了一种技术人员重塑法国，并将法国置入正在浮现的欧洲和全球一体化空间中去的企图。基于对当时法国城市规划的回顾和评估，列斐伏尔提出了城市规划被某种意识形态所支配的思想，并进一步指出，虽然城市规划时常体现出经验性，但经常使用人口学、政治经济学和地理学等学科的概念和方法，有着明显的科学和技术取向，而且从事城市规划的专业人士常常以理论检验自己的专业，试图建构一种以经验为基础的知识体系。这种知识体系所运用的理论语言和概念体现的是一种空间科学，它既是宏观的(社区或城市)，也是微观的(居住单元)。③

这种倾向反映在各种各样的城市规划以及与之相关的理论著作中。在初期，这些著作多从土地利用和社区文化的角度来讨论城市空间问题，而到了20世纪60年代后期，许多论著孤立于社会脉络之外，从一种既定的空间组织维度出发，较少考虑地方化的社会需要，而更多地与政府决策紧密联系在一起。凡此种种，都在规划理论、实践以及教学中被视为当然。而列斐伏尔认为，这种倾向实际上隐含着一种预设的前提，即规划的空间是客观的和"纯净的"，是一种科学的对象，因此也是非政治的，其方法和哲学基础也就如数学一样具有客观中立性。

列斐伏尔认为，这种空间概念是传统意义上的空间概念，其问题在于这种空间概念不是把空间看作是文本或精神的再现，就是看作一种简单给定的超验的绝对因素，因此，空间自然就成为规划科学研究的客观对象。对此，规划科学显然缺乏反思。列斐伏尔指出，空间不是匀质的，其纯粹的形式也不是完全客观的，空间不仅是各种历史和自然因素的产物，而且是一个社会的产物，是意识形态的产物，是一种由社会和物质实践所组成的社会结构。因此对于空间的规划或城市规划，就不单纯是一种科学和技术的方法，它必然混杂着各种意识形态。

例如城市中心化就不是一个单纯的规划学科的问题。对此，法国的空间政策始终处于矛盾中。一方面，中心化是西欧城市的根本特性和珍贵的历史遗产，许多新的城市规划方案仍然保持着城市中心的支配性，再加上法国人始终认为，法国的空间策略不应该纳入欧洲一体化的进程中，而应该让法国或巴黎成为欧洲的中心，这也成为 1960～1970 年十年间法国的基本政治决策。但中心化带来了的巨大矛盾，如交通拥挤和堵塞，迫使法国政府将重心转向巴黎以外的区域，因此，必须对区域资源在空间上重新进行分配，这就需要在纸上作业以平衡巴黎与其他区域，即通过城市规划来对空间和资源进行重新分配。因此，在"第六个法国国家计划"中就提出了终止城市中心化的思想。但中心化是城市生活的一种构成要素，也就是说没有集中也就没有城市生活，城市中心的终结或城市中心的解体，将对城市生活的根本性质造成巨大的打击。例如人口、商业和工业活动的分散，必将导致严重的人口分化和隔离，这就意味着国家对生产群体的失控，无法形成社会关系的再生产，从而危及整个国家和社会。因此中心化和去中心化的矛盾看似规划问题，但实际上体现的是国家权力和意识形态，城市空间也就成为权力活动的中心。

尽管去中心化成为法国政府的规划决策，但事实上，仍然有许多巨大的商业中心在形成，因而产生了空间使用的新概念。这些新商业中心不是孤立的，而是形成了各种网络；其次，决策中心仍然继续存在着，例如包含了全国性权力、财富、资讯和影响力的都市中心。因此，尽管物质形态的城市中心处于消解的过程，但意识形态的集中化反而被加强。商业中心网络和决策中心位置的确定，就不仅具有城市规划的科学意义，它必然受到体制和意识形态的支配。

二、生产性的城市空间

众所周知，自然环境经过人类的长期塑形和改造，成为人类驯化活动的产物。在 20 世纪 60 年代的法国，人们意识到这个驯化过程是自然环境被破坏和毁灭的过程，这种毁灭反过来又威胁着人类，因此产生了各种保护自然环境的策略，自然环境也就变成了一个政治性的议题。但法国规划界秉持着传统自然观，仍然将自然当成有待征服和驯化的对象。这一矛盾引发的不仅是一种技术上、知识论上和哲学上的问题，也引发了政治上的保守派和激进派的论辩和斗争。

保守派沉溺于地景美感与自然环境的纯净性，怀着浓烈的乡愁，对生命的简朴和完整性的日益消失表示痛惜和遗憾，因此，卢梭主义(Rousseauism)④又重新成为时尚。激进派则试图了解自然环境的破坏或毁灭本身所具有的意义与后果。他们认为，自然作为人的无机的身体，其毁灭过程就是人类自我毁灭的过程，而人类却是毁灭的执行者，当然这是一个巨大的反讽，同时，古典哲学所谓的水、空气、阳光等基本"元素"也遭到灭绝性的破坏。对于人类来说，单纯的食物生产再也无法满足人类的需求，今天人们不得不期望重新复制出生产所必需的基本条件，也就是自然环境。因此，列斐伏尔指出：在 30 年内，或许更快，将会出现对下列资源的经营和争夺：①残存的自然区域；②可更新之空间资源、氧气、水、阳光等。从全球范围来看，曾经严重匮乏的生活必需品已明显生产过量，取而代之的是诸如水、空气、阳光和空间等资源的新的匮乏，对这些资源的空间部署和争夺必然成为国家的基本国策。

据此，列斐伏尔在 20 世纪 70 年代转向了对空间生产的关注。在《空间的生产》(The Production of Space)一书中，不仅表明了空间是政治的，而且是生产性的。他指出：资本流通是资本主义生产过程得以发生的前提条件。为了解决过度生产和过度积累所带来的矛盾，追求最大的剩余价值，过剩的资本就需要转化为新的流通形式或寻求新的投资方式，即资本转向了对建成环境(特别是城市环境)的投资，从而为生产、流通、交换和消费创造出一个更为整体的物质环境。由于过度积累和资本转化的循环性和暂时性，以及在建成环境(城市环境)中过度投资而引发的新的危机，使得在资本主义条件下创造出来的城市空间带有极大的不稳定性。这些矛盾进一步体现为对现存环境的破坏(对现存城市的重新规划和大拆大建)，从而为进一步的资本循环和积累创造新的空间。因此，空间生产实际上是资本主义生产模式维持自身的一种方式，它为资本主义的生产创造出了更多的空间。与此同时，空间所具有的消费主义特征，使其将消费主义关系，如个人主义、商品化等的形式投射到全部的日常生活当中，消费主义的逻辑也就成为社会运用空间的逻辑，成为了日常生活的逻辑。因此，空间的生产不仅维持着资本主义的生产方式，同时也维持着社会和生活方式。

城市化实际上就是这种逻辑的充分体现。资本依靠全球化的银行和商业网络、机场和高速公路，依靠能源、原材料和信息流动，对所有的空间进行抽象，并将自然空间和其特性如气候、地形都看作是社会生产力运行的材料，地表、地下、空气，甚至阳光都被纳入到消费主义当中，变成可用来交换、消费和控制的商品，如空间可在旅游和休闲中被消费。环境和生活的组成、城镇和区域的分布，都是根据空间的生产以及空间在社会组织、经济组织的再生产中所扮演的角色来进行；城市、区域、国家、大陆的空间分布就像工厂里的机器设备一样是为了增加生产，是使生产关系能够得以再生产。因此，城市空间不再是给定的，而是纳入了整个社会的资本循环和商品生产中。

三、列斐伏尔对城市发展与研究的影响

列斐伏尔有关城市研究的影响是巨大和多元的，这不仅体现在政府的城市决策中，而且还体现在城市规划的教育和其他与城市相关的学科上。

在法国，1974年实施的新的城市政策就反映了列斐伏尔著述中的许多主题，如民主参与、自我管理、城市变革和复兴等，而且"改变城市，改变生活"等口号在法国市民中广为流传。在1981年社会党掌权后，城市问题转向了对郊区的关注，而在1983年发起的"郊区89" (Banlieue 89)运动也贯彻实行了许多列斐伏尔的思想原则，如将中心引入周边地区、将郊区转化为真正的城市、对于城市的权力、消除城市居民之间的隔绝以及恢复都市感等。另一方面，从1965年起，作为巴黎第十大学(Nanterre)城市社会学研究所的主任和教授，列斐伏尔不仅给学生传授相关城市的理念，而且对有关城市问题的课程举行了改革，打破了学科之间的壁垒，使城市规划成为跨学科的领域。与此同时，他还批评法国大学的课程设置中长期忽略城市问题，呼吁各高校应该重视城市问题的研究。

在英美，随着20世纪90年代列斐伏尔的著作被译介，其思想也引起了学术界的高度关注。对列斐伏尔的兴趣起始于地理学和与城市相关的社会领域，这些学科的学者认为空间问题在后现代主义时期已经变得越来越重要。马克思主义地理学家大卫·哈维(David Harvey)的《社会正义与城市》(Social Justice and the City)一书就显然建立在对列斐伏尔的《城市革命》(La revolution urbaine)一书阅读基础之上。哈维借用列斐伏尔对城市的马克思主义分析，试图建构一种可以阐述不断变化的功能、形式、结构和资本循环之间关系的理论框架。哈维关于资本积累的变化模式、灵活性、新文化形式和时空压缩的分析也深受列斐伏尔所定义的空间表象和表象的空间⑤等概念的影响。哈

维最近提出场所的建构时要以经验的、知觉的和想象的辩证互动方式，也是将列斐伏尔与海德格尔进行了结合。

与大卫·哈维所不同的是，城市地理与社会学家爱德华·索加(Edward Soja)广泛涉及了列斐伏尔的著述。索加的《第三空间》以洛杉矶的城市研究为分析背景，在后现代主义的视野下展开了社会空间的辩证法。同时，索加还涉及了列斐伏尔的日常生活批判、重复和差异⑥等思想，深入讨论了后现代社会中日常生活与城市之间的关系。对于索加来说，列斐伏尔显然是一个潜在的后现代主义先驱，而且正是在社会理论和社会生活中对空间的关注和将空间置于首位，才是列斐伏尔真正的理论贡献之处。

当然，有学者批评列斐伏尔的城市理论是一种以形而上学为基础的分析理论，这势必导致对城市社会的许多决定性因素的认识都是抽象的，从而阻止了城市空间研究的科学突破。尽管如此，历时和共时地阅读列斐伏尔能够使我们进入与列斐伏尔的对话以及自我的反思(这种反思也是列斐伏尔在其著述中贯彻始终的)。当然这并不意味着我们能达到列斐伏尔思想的深度和广度。然而对列斐伏尔的思想是如何展开的，特别是在城市层面上是如何展开的缺乏一定程度上的正确评价和理解，那必将会失去列斐伏尔思想的丰富性、知识的严密性和历史的深度。

注释

① 爱德华·索加(Edward Soja)，美国加州大学洛杉矶分校城市规划系教授，洛杉矶学派的领军人物。

② 包亚明. 现代性与空间的生产. 上海教育出版社，2003，15.

③ 亨利·列斐伏尔. 空间政治学的反思. 59.

④ 卢梭主义者认为现代科技和艺术体现的是人类的堕落和腐朽，希望回复人类原初的纯洁性和完整性。

⑤ 空间表象涉及概念化的空间，是一种科学家、规划师和专家治国论者所从事的空间。表象的空间是通过相关的意向和符号而被直接使用的空间，是居住和使用的空间，它与物质空间重叠，并且对物质空间中的物体作象征(符号)式的使用。参见列斐伏尔的 The Production of Space.

⑥ 列斐伏尔对差异性有其独特的理解，他认为差异性是从斗争中产生的，因此原初性或特殊性都不是差异性，而且对差异性的思考是试图寻找一种将分离进行重组以便再聚合的方法。这将会形成一种新的城市中心感，差异性也将再次获得聚合。正是基于多元化或差异性(作为在后现代主义规划所倡导的)能否挑战意识形态和技术论神话的思考，列斐伏尔最终强调的仍然是一种总体化的思想。

参考文献

[1] H. Lefebvre. The Production of Space. Oxford: Blackwell, 1991.

[2] H. Lefebvre. Writings on Cities. Oxford: Blackwell, 1996.

[3] B. Genocchio. Postmoderen Cities & Spaces. Oxford: Blackwell, 1995.

[4] D. Harvey. The Condition of Postmodernity. Oxford: Blackwell, 1989.

[5] E. Soja. Postmosern Geographies. London: Verso, 1989.

[6] 包亚明. 现代性与空间的生产. 上海教育出版社, 2003.

从 "flâneur" 到城市的 "步行者"

　　城市并不是一个静止不动、纯物质性的聚合体，它是人生活和体验的场所。对于生活在其中的人而言，人们依靠与这些场所的互动，使场所具体化和赋有意义。但当代城市移动速度的加快，使人对城市空间的体验变成了一种唯视觉的活动，一种具有预设的或具有明确目的的指向的活动。但 "flâneur"（漫游者，城市中漫无目的的巡游者）这一出现在 19 世纪法国巴黎的特殊群体为我们对城市的体验带来了新的启示。

一、新型城市空间形态的出现

　　英国社会学家伊丽莎白·威尔森（Elizabeh Wilson）指出：19 世纪新型城市空间形态的出现是形成 "flâneur" 的根本原因。[①]

　　19 世纪的巴黎是一个刚进入现代纪元的城市。在当时巴黎的特定时空下，人们已经体验到新的社会现象和社会关系，同时也意识到自身已逐渐蜕变为新的现代主体。资本主义的迅速发展彻底改变了社会整体力量的均衡，尤其以机器为主导的大工业生产，更加确立了城市扩张的力量。这种新的社会关系与秩序造就了新的空间形态，它不再以宗教为核心，而呈现出世俗的形象。此时，经济活动几乎成为人们最重要而且是惟一的日常生活行为，社会空间也依照现代的或机器大生产模式而予以重新建构。中世纪城镇住宅的后花园逐渐消失，露天广场、公园、集市逐渐没落，取而代之的是宽阔、笔直的商业大街，此时，城市不仅在规模和尺度上发生了变化，而且城市的空间形态也发生了变化。19 世纪的巴黎正是在这种历史背景下，逐渐展现出大都市的面貌(图 1)。

图 1　19 世纪以前的城市形态

商业拱廊(Arcade)即为首先根据现代城市的需求、利用铁架和玻璃等现代技术所创造的新的建筑形式。在1830年玻璃拱廊的全盛时期，欧洲几乎每一个商业城市都建起了这种商业建筑。沃尔特·本雅明(Walter Benjamin)在对这一建筑形式的研究中，认为整个欧洲大陆可以用莫斯科、那不勒斯、巴黎、柏林作为欧洲拱廊的东南西北四角而重新定位(Re-map)。[②] 在物质和结构技术上，铁和玻璃开始成为重要的建筑材料，拱廊也是首先采用煤气灯照明的地方。因此，从每一栋房屋的建筑式样到整条拱廊的商业形态，从商品的摆设陈列到夜晚煤气灯制造出特有的光线下新的消费购物文化，拱廊创造了全新的社会空间。无论是对它的赞美或是批评，任何人无法保持旧有的体验结构走进拱廊而不感到头晕目眩。旧有的场所感在这里已经消失殆尽。对于19世纪的人来说，他们所熟悉的城市空间已经被这种新的体验彻底粉碎。这种现代化的拱廊空间奠定了今天商业大都会的物质基础，不管市民接受与否，街道已然成为城市空间的一个重要场所，成为城市中生活发生与意义发生的空间。

然而在短短不到30年中，巴黎又面临了更具规模的城市改造。奥斯曼的都市重建计划，将宽广的林荫大道从市中心向四面八方延伸，街道两旁的建筑立面经过重新规划、设计而整齐有序，大部分的贫民窟及工厂都被驱赶到边缘地带或是郊区(图2)。这种向中心聚集式的城市设计不仅体现了奥斯曼的乌托邦主义理想，而且还体现了中央集权的政治主张。奥斯曼的规划赋予了现代性以具体的外形，抽象的"现代城市"概念终于浮现出一幅清晰的景象，因为整个巴黎就是一个完整的现代奇景。在这种整齐划一的城市空间下，掩盖的是日益尖锐的阶级矛盾。同时，与早期的商业拱廊相比，林荫大道提供了更为宽广的空间，不仅可以聚集更多的人群，而且人群移动的速度也变快了。人与空间的互动以及人与它人的互动都变得更为频繁和短促。

图2 奥斯曼于1850年代对巴黎进行的全面都市重建计划

二、城市中的"flâneur"

奥斯曼宏大的改造计划虽然给巴黎带来了全新面貌，但市民也逐渐感受到现代城市背后所掩藏的非人性的特质。一方面，人们被它的魅力所诱惑，另一方面人们又感受到它对旧有价值体系的威胁以及那种庸俗中所隐含的邪恶。在新与旧的世代交替中，新的城市空间的生产必定是对旧有环境的不断摧毁和变换，所有熟识的东西转眼即逝。因此，巴黎市民对巴黎产生了不同程度的疏离感。

当时的人们还没有立刻就接受"改变即是进步"的现代主义信仰，然而在一切经过理性设计的城市空间中，充满了迷人的神话色彩，这与人们潜意识里的怀旧心理形成了矛盾。这种矛盾主要源于不断变更的城市空间使旧有的认知地图失去了效用，而新的空间体验远还没有成为人所熟悉的认知模式。人们总是希望清楚地知道自己身置何处，同时在环境中确认自己。换句话说，稳定的场所精神是人生活的必需条件，环境的不断变化，既无法使人产生认同，也无法建立使其得以立足的认识模式。

现代城市之所以遭受批判，是因为现代化的城市空间所提供的建成环境，如街道、商店、现代化的交通工具和路线，所展现的是新、变、快的环境特性，它很难使人产生认同或解读出这些环境的意义。林荫大道的出现使移动的速度大大提高，从马车在笔直的道路上奔跑的快感，到汽车的高速奔驰所引起的焦虑，现代人体验到了前所未有的速度状态(图3)。随着移动速度的改变以及空间的重新整合，人们更多地是坐在车里用眼观看，而无需调动整个身体去与空间环境发生互动，也没有了与行人身体的任何接触。视觉因此成为了人们获得信息的主要器官，致使人的其他感官体验迟钝和退化，人身体的感觉经验也被减弱。

图3　以马车为主要工具的城市空间与人的关系

如果说"观看"成了人获得外界讯息的主要方法，那么什么样的城市景观可以吸引人们的视线？罗兰·巴特将这种观看方式称为"影像再现技能"（Image Repertoire of Representations），即当扫描街道上纷扰且不熟悉的景象时，眼睛在过滤所有视觉讯息的同时，将它们化约成简单的再现的范畴。例如我们用这种再现技能就能够通过城市建筑的风格形式迅速判断该城市的发展状况。自19世纪以来，现代人大量运用了这种观看方式，虽然它能帮助我们在最短的时间根据印象获取讯息，但是人与人之间的言语互动也逐渐停顿，整座城市也即呈现为一幅静止的市景画，环境对于人，有刺激但无需反馈，身体与城市空间之间的关系在此出现了断裂。

但19世纪巴黎街头所出现的"flǎneur"（漫游者）却沉迷于街头景观的诱惑和震撼，其主要兴趣是街道生活的细小方面，而不是奥斯曼为巴黎所创造的所谓公共空间。他们主要有三个特征：①总在城市中任意闲逛；②敏锐地观察人群和街头上所发生的事件；③任由其他人对其投以好奇的眼光，但在互看中彼此并没有互动。人群对于"flǎneur"而言，仅仅是另一处寂寞与孤独的所在。他们的身份就像是城市中的陌生人，与他们所在的场所及四周的人群都没有任何关联。

"flǎneur"暴露了人与现代空间互动之中所隐藏的焦虑不安。"flǎneur"一方面被新型的城市景观所吸引，企图解读各种未知事物的符码（flǎneur与城市场所的矛盾预设了其解读的不可能性）；另一方面，旧的空间和行为习惯突然消失殆尽，他们试图努力寻找失落的场所感。从商业拱廊、林荫大道到百货公司带来新的逛街购物形态，几十年间巴黎物质空间和社会空间的变化不断冲击着"flǎneur"，甚至彻底粉碎了他们的场所认同感。他们旧有的认知模式和认知地图在城市空间完全失去了功能，他们再也无法在图上清楚地确认自己的位置。因此，在行走中，"flǎneur"实际是在重新绘制（Re-mapping）认知地图，寻找失落的城市文本。尽管他们的每一个足迹都是暂时的，他们的书写甚至自己都无法解读，并始终呈现一种零乱、片断和毫无意旨的状态，但"flǎneur"关照城市空间的方式，即在步行中，通过身体的互动去接收新的讯息的方式，并依此对城市重新进行整合的企图，给我们带来了有益的启示。

三、城市中的"步行者"

现代性的来临引起了一场视觉革命：人观看事物的方式改变了。过去人们习惯于仔细欣赏和观察景物，而现在则是大量的影像在移动中快速地出现又消失，人必须经由内在的影像再现技能对所有讯息进行快速过滤、分类、化约。既然留在感觉与记忆中的事物是由片断的影像所组成，它们抽离了时空背景（时间抽象所导致的空间抽象），世界也就变得不真实起来了。对此，法国思想家米歇尔·德·卡托（Michel de Certeu）称之为视觉的抽象化。他指出，这种抽象化就好比人们站在世贸的中心屋顶上向下俯瞰曼哈顿（世贸中心已不复存在），整个活生生的城市即刻呈现出一种静止状态，出现在人们面前的人类最大的关联域——城市，就好像是一幅画在纸上的图画。这种静止状态的图画也就成为了现代城市规划和城市设计的出发点(图4)。米歇尔·德·卡托希望人们脱离这种静态和抽象的视点，深入到街道的层次上，因为只有在街道上，日常生活才是活生生的，才具有真实性和实践性，只有在街道上行走时才能为人们提供一种体验城市的基本形态。③

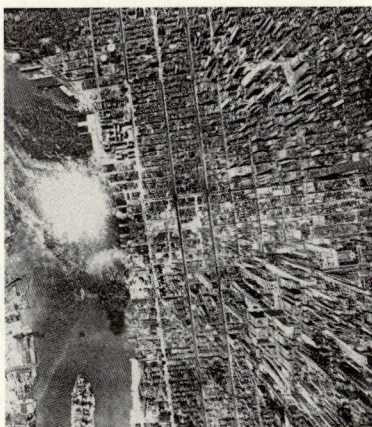

图4 从空中俯瞰曼哈顿，城市即刻呈现出一种静止状态

为了研究有关日常生活空间，米歇尔·德·卡托侧重人们在城市中移动痕迹的研究(其方法与抽象的表格调查截然不同，那种用统计和数据分析显示步行者人数多少的方法是无法替代人移动身体体验的真实性)，这种移动痕迹标示出行走的路线以及行走的多样性。他将行走看作是步行者用其身体在书写没有作者和读者的城市文本(其目的仅仅在于书写，而不是阅读)。因此，人关照城市空间的方式也就超越了符号学的分析和解释(分析和解释的缺陷将兴趣放在了描述上，从而使城市空间成为一种可理解和可读的结构)，城市空间也就不再是一种予以分析的人工制品，而是一种体验和意识投射的基质，它邀请体验者参与能指和所指的游戏。移动的痕迹也同时创造出一些并不需要所谓易识别性的路径，创造出与唯视觉性的、理论性建构的几何学或地理学空间毫无关联的丰富的实践。因此，一种迁徙和隐喻的城市概念就被置于规划性城市的秩序性和清晰性之前，人们所进入的是一种日常实践的生活空间，它与预先计划和规范化的操作完全相反。

当人在街道上行走时，其活动本身可以是途经某处的快步通过，也可以是闲逛散心，购买零售摊点的商品或纪念物，或是浏览商业橱窗以及参观城市的名胜古迹或建筑。正是这种具有不同目的的移动以及对城市场所的反馈和互动，形成了人们所进入空间的意义的延异和不确定性，正是这种意义的延异和不确定性向城市异化和僵死的特性发出了挑战。

香港电影导演王家卫在其导演的《重庆森林》一片中，用摄影机设定了其自身作为一个城市的步行者的身份，用他感兴趣的、研究式的注视来探究城市空间各个方面的现实。电影中四个主要人物：戴着金黄假发的女子、223号和633号便衣警察、打工妹菲，看似散乱的故事，表征出王家卫的双重身份，既是电影导演又是城市步行者(图5)。他通过这些小人物亲身体验的真实的城市空间(电影一开始就呈现了黄昏的天空下耸立的无数带有垂直管道的建筑，无数凸出的铁窗和在衣架上飘荡

的衣服暗示着这些居民的鸽子笼似的生活样式）——尖沙咀贫民窟似的
建筑"重庆大厦"与优雅的购物环境的体面或标志性的建筑的对比，不
仅凸显出日常生活空间与资本全球化下的规划空间之间的巨大反差，也
体现出由于空间变化的速度而致使旧有的认知模式和认知地图的无
效性。

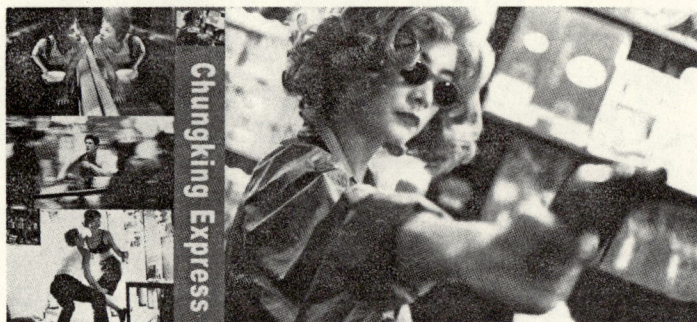

图 5　电影《重庆森林》中的人物即是当代的城市漫游者

在传统建筑学中，人的身体被当成了物质客体，但实际上人体不仅
是意识自我投射的实际环境，而且也是人们精神地、具体地把握环境的
身心统一体。英国社会学家森尼特(R. Senett)指出："城市的矛盾在于
个体的自由移动是以忽略其他人群的存在和他们的身体感知为基础的，
因此产生了内在的、主体的体验和外在的物质生活之区分和矛盾。对待
城市的这种矛盾，现代主义的设计理念即对城市实施简化和庸俗化，使
城市仅仅成为了市民生活的一个外在的、客观的舞台。"④ 因此森尼特根
据知觉现象学理论，并在吸收了"步行者"思想的基础上，试图以视
觉、听觉、触觉和嗅觉以及它们相互关联的方式重新确立人体与空间的
关系，从而打破传统的二元论的认知方式。我国青年建筑师李巨川的建
筑作品"在某城市中画一条 30 分钟的直线"，用自己的身体的经验诠释
了步行者对于城市空间的意义。在作品中，作者胸挂小型摄像机，镜头
朝下并处于拍摄状态，沿直线在闹市区
行走 30 分钟(图 6)。尽管该作品还涉及
许多其他的理念，但更吸引我的是这种
不加预设概念的拍摄及身体与城市空间
本能的互动，以及用特定的时间强化出
城市空间是历史的具体存在，这不仅体
现出对现代主义设计理念的否定，也体
现出对由理性为基础而建构的物质空间
和社会空间的一种批判和抵制，从而打
上了强烈的反文化和反设计的印记。

图 6　建筑师李巨川用自己身体的经验
诠释步行者与城市空间的互动

四、结语

　　随着在城市中移动速度的不断提高，人与城市空间互动关系的缺乏成为当代城市的主要问题之一，人们甚至以进入、通过和走出城市空间方式的简易性来评价和衡量城市空间的优劣。这种与城市空间以及其他人群联系的缺乏，已经不可避免地影响了人们对城市空间的理解和转化。对于当代城市的这种现状，森尼特所提倡的"步行者"的思想显得有点杯水车薪。因为人与城市空间以及其他的人群直接联系的缺乏已经从整体上导致了城市的街道、商场、公共活动中心和其他的一些公共交通空间变成了一种仅供视觉参与的场所，并且这种城市空间的泛视觉化倾向在发展中国家不断扩展和强化。与现代城市生活密切相关的速度以及因此而导致的被动性和逃避性(厌恶城市的高节奏和高密度而产生的逃避倾向)，加大了个体之间的隔阂与分离。当人们面对差异性，如陌生人，并且无法从总体上对他们的社会原型进行划分和归类时，人们就会变得非常被动和不知所措。而汽车和其他交通工具所带来的快速移动以及土地使用和社会阶级的分化所导致的地理空间的碎裂，进一步加剧了这种被动性(快速交通工具同时也为人们逃避这种被动性提供了可能和手段)。人的这种与城市和社会的不断疏离，导致了与他人和群体生活能力的进一步丧失。如何解决这一矛盾，是理解城市空间并对其进行转化过程中不容忽视的问题。

注释

① Sophie Watson & Katherine Gibson. Postmodern City & Spaces. 59.
② 三岛宪一. 本亚明－破坏·搜集·记忆. 330.
③ M. De Certeau. The Practice of Everyday Life.
④ A. Madanipour. Design of Urban Space. 77.

后现代主义文化与《城市意象》之批判

翻阅着新近出版的《城市意象》(华夏出版社),心情颇为复杂。一方面,在城市和建筑学科中,对纯理论著作的翻译本来就不多见,而对已有译本的文献进行二次翻译和出版则更是凤毛麟角,这不仅体现了出版社的眼光,同时也证明在设计市场如此红火的今天,仍有许多人在从事基础研究,这实在是学科的幸事。另一方面,像《城市意象》这样一本产生巨大影响的经典著作,仅仅停留在翻译而不对其进行全面和深入地诠释和总结,就不能不说是件憾事了。尽管凯文·林奇所倡导的思想原则早已广泛运用,但人们关注的更多的只是意象研究在实践中的应用,而对该方法本身所存在的局限以及在实践中所引发的问题却重视不够。因此在《城市意象》出版 40 年后的今天,重新对其进行解读,将意象研究置于更大的学科背景下进行探讨,就显得不仅不过时,而且极为必要。

一、"行为革命"与城市意象研究

城市意象研究始于对城市地理学量化研究方法的质疑与批判。在 20世纪 60 年代末期,对城市空间组织和内部模型的大量实证研究使人们逐渐认识到,理论模型的预测与实际观察结果之间存在着许多差异。因此,开始对根据小样本建立的模型运用到大范围区域或把有限的地区性模型无条件地推广到其他地区提出了疑问。尽管按照区位理论的客观立场能计算出最优的区位,但实际上这只是一种理论的假设,因为人的行为并不完全由理性所控制,常常呈现出非理性的状态。而行为学派认为,一种决策的制定在很大程度上受人的不同品质、动机、偏好、态度、心理等因素所影响。因此,对人文现象的模式和空间分布的理解,有赖于对人的行为和决策的认识,而不仅仅依据这些人文现象本身所具有的位置关系。只有对创造某种结构的行为者的决策活动加以研究,才能真正揭示该结构的整个过程。

据此,许多学者认为量化分析方法不仅是一种不切实际的假设,而且是一种机械的和非人道的方法。这种方法将场所和空间简约为一种抽象的几何空间,而人只是这种空间中的一种无血性的符号表征。对量化研究的不满以及对规范模型可接受性的质疑,导致了 20 世纪 60 年代后期对个体行为的普遍关注，从而形成了风行于 70 年代的"行为革命"。

在思想方法上，量化分析研究以逻辑实证主义为基础，而行为学派则受现象学的影响较大。逻辑实证主义对经验主义持否定态度，它不仅拒斥形而上学，通常也不重视人生的意义和价值以及人类历史的目的等问题。而现象学则关注存在与意识的关系，认为这些形而上学问题是哲学探讨的永恒主题，并指出只有通过知识(这些知识能够激发人类行为的态度和意图)才能理解世界。这两种哲学思想的分歧在一定程度上也可以看作是量化分析方法与行为研究方法的本质区别。

根据现象学理论，行为研究将重点放在隐身于人类活动背后的思想和信念的研究，并认为只有通过对某一空间和时间点上行为者的心理的研究才能理解人的行为。虽然行为研究更多地表现为一种评价和批判现代社会的手段，而非系统的、精确的体系(这与现象学的思想基础有着直接关系，因为现象学本身就缺乏系统的框架而更多地体现为一种方法)，但这种方法能够直达个体体验，从而避免了科学或概念化知识的干扰。因此行为研究方法不仅导致了区域地理学的再发现，即用个体对空间和时间的感知来解释地理学现象，而且也直接影响了对城市问题的研究。

行为研究方法主要有两种趋向：其一是强调对个体行为以及对该行为产生影响的个体知觉的研究，主要体现在对个体和集体的心智图(Mental Mapping)的研究，即对个体获取的信息进行数据分析。其二是强调人对其周围环境体验方式的差异，主要关注的是文化差异对个体认知的影响。据此，我们不难看出凯文·林奇的研究属于第一种倾向。

二、城市意象研究及其局限性

在人类认识环境的过程中，环境记忆方式是极其重要的因素。人对环境的心理意象即心智图是人们常用的一种研究记忆方式的方法。当凯文·林奇将心智图运用于城市研究并在 1960 年将研究成果公开出版后，心智图研究才被逐渐了解并得到广泛运用。研究者纷纷仿效其模式，对全美乃至世界各类城市进行了大量的研究，其中一些研究甚至还将范围延伸到城市的某个特定区域，如居住区、商业中心等。

在《城市意象》一书中，凯文·林奇所关注的是美国城市的视觉品质。例如在新泽西，由于城市空间的急剧变化，传统的标志如历史古迹、市中心地带、自然界的范围以及具有标志性的建筑都已失去了过去的参照物的作用。因此，要在传统城市里不再使人产生疏离感，就必须着重对地域重新做好具体而实际的把握，把一种可予以操作的信号系统重新组织起来，让它在人们的记忆中生根，使个体能够依据新的信号系统在变动不拘的城市空间中重新寻找到自我。这正如美国哲学家詹明信所总结的："所谓疏离的城市就是当人处于诺大的空间中无法在脑海里将自己定位，无法将自己在城市整体中的位置标示出来，从而不知自己身在何处而迷失自我。"

在研究中，林奇要求波士顿、新泽西和洛杉矶的市民凭记忆在白纸上画出所在城市的物质环境地图。林奇将研究的结果与相关的物质形态进行归纳，总结出所谓的城市五要素：路径、边缘、区域、节点和标志物。林奇指出：在城市中，如果这五个要素清晰可读，那么就能给人们提供更多的视觉愉悦、情感保障，增强人体验的潜在深度和强度。其他相关研究也显示，个体首先要了解的是其所处的位置关系，其中包括标志物，这实际上起到了一种心理锚固点的作用。在空间定位之后，个体需要了解的是各个地点之间的联系，这就是林奇所说的路径，最后才是地点周围的区域等其他要素。

凯文·林奇对城市意象和城市易识别性的研究也可以看作是早期对现代主义的一种批判。尽管这种研究激发了对人的行为模式和城市认知地图的广泛研究，为形态研究和设计标准的制定起到了积极的作用，但其局限性也是显而易见的。

首先凯文·林奇将人对城市环境的理解仅仅看作是对物质形态的知觉认识，这与分析动物在迷津中的行为极为相似，即觅路和适应环境。[①] 更进一步说，仅从感觉经验出发研究人的认识问题，实际上只是从人的自然生物存在出发。一方面，如果单纯从知觉或所谓经验和可观察性的经验陈述出发，并将它们当作认识的起点，我们就无法将人的认识与动物的认识作本质的区分。另一方面，在对城市环境的创造和使用过程中，城市居民所扮演的角色显然比动物更具积极性和主动性。有研究显示，人们对日常物质环境的记忆是从整体上进行的，而不会局限于一些细小的设计因素。人对某一环境的回忆首先是在环境中做了什么，其次是在哪里，最后才会回忆环境的外观，比如具体的物质形态和建筑的细部等。更进一步说，人们似乎更容易通过文字形式而不是建筑形态和细部的图解来记住环境中的物体。

其次，由于凯文·林奇城市五要素的方法对于形成局部的区域概念特别有效，而且易于操作，因此被广泛运用于城市设计当中。这实际上是在城市结构上契入各种想象的秩序形式，并因此而带有强烈的主观性；同时这种方法还形成了对城市空间的进一步划分，如设立边界性的门墙、绿篱等。领域性的加强虽然对防止犯罪有帮助，但识别性和安全性的要求常常使得城市空间被分化得更为零碎和隔绝，这不仅与城市的整体性相违背，而且极易产生新的空间障碍，无法在居民与陌生人之间形成一种交流界面，从而滋生新的社会问题。

林奇方法的局限性在根本上反映出心智图在研究范围上的缺陷。心智图强调城市居民对其环境的感知。然而，人对城市环境的概念是一种功能要素(人在城市环境中做什么)和符号要素的组合，更进一步地说，环境的意义不仅仅存在于个体的内心，也不仅仅是个体对城市想象画面的描述，它还是一种社会的建构，并且是一种以意识形态为特性的社会过程的表征，这与马克思主义哲学家阿尔都塞和拉康对意识形态的分析极为相似。对待各种实证问题，凯文·林奇强调的是此时此地的直观感知，并将城市作为一个不在场的总体性的想象感知的辩证关系，而"阿尔都塞把意识形态重新界定为一种再现，它表达了主体及其真实存在情境之间的想象关系"。这也是心智图的功用之所在，只不过凯文·林奇将心智图的分析范围仅仅局限于城市客观世界的日常生活中而已。虽然心智图使个体能在特定的环境中掌握再现，在特定的环境中表达外在的、广大的，严格来说是根本无法表达的城市结构组合的整体性，但心智图显然忽略了意识形态的根本特性，并且拒绝承认其基本的研究数据本身以及对城市秩序形式的强行切入就是一种意识形态的再现。因此，凯文·林奇所研究的更像是生活于真空中的人的行为活动，而忽视了人是一种真实的社会存在，并且忽视了形成这种真实存在的环境约束和社会约束。

实际上，林奇自己也意识到《城市意象》的研究缺陷，因此在1981年出版的《良好的城市形态》(Good City Form)一书中，他不再强调可识别性，而是将"感觉"作为城市行为的惟一尺度，将可识别性看作是感觉的一种。他承认自己在20世纪60年代关于居民对城市的理解过于静态化和简单化，忽略了对城市意义的关注，并认为：对于大多数居民来说，觅路实际上是次要的问题，而且对秩序的强调会忽略城市形态的模糊性、神秘性和惊奇性。

三、城市意象的社会文化差异

为了修正和深化凯文·林奇的研究，许多学者在不同的方向上作了努力。在心智图研究的基础上(行为研究的第一种趋向)，后续研究更为侧重的是社会和文化差异对环境认知的影响(行为研究的第二种趋向)。

琼·兰(Jon Lang)曾对城市意象研究进行过总结，他指出："可以用格式塔心理学中的视觉组织规律来解释城市意象中的组成要素：路径和边界是连续的要素；区域体现了良好完形轮廓之内各个组成要素的接近性和类似性；标志物是周围环境，即背景中的图形，其组成元素与周围明显不同；至于节点，琼·兰认为难以用格式塔理论加以解释。实际上节点并不是单纯的视觉元素，它体现了社会、文化和物质等各种环境属性的总和，包含了特定的存在者、存在方式和精神意义，在形态上则体现为交汇和辐射并存，带有强烈的地方属性。"

琼·兰(Jon Lang)似乎只说对了一半。就拿地标(Landmark)来说，它是凯文·林奇的城市五因素之一，它对城市意象的建构以及城市的识别性起着关键的作用。我国年轻艺术家朗雪波通过其作品的真实与似真实的对比，十分直观地表达出地标建筑消失后给人们带来的问题和忧虑(图1)。但凯文·林奇将地标性建筑的作用更多地限于物理的和生理上的识别，而忽略其社会文化意义显然无法令人接受。

图1　利用数码技术将大三巴从原址上删除后的景象

法国哲学家亨利·列斐伏尔曾指出，那些纪念碑式的、雄伟壮观的标志性建筑所体现的是一个由网络覆盖的巨大的社会空间的会聚点，标志性建筑总是体现和灌输一个浅显易懂的信息，它说出了它想说的一切，同时也隐藏了更多的东西。标志性建筑就其性质而言，可以是政治的、军事的，甚至还可以是极端的法西斯主义的。它们标示出表面迹象之下的、宣称自己表达了集体意志和集体思想的权力意志和权力独断。

例如在电视新闻中频频出现的上海浦东的巨型建筑即是亨利·列斐伏尔思想的典型图解。对于上海来说，人们迫切希望的就是从高效运作的经济体系和日益全球化的城市地位中获得可观的经济成就。这些巨型的标志性建筑不仅仅是城市意象的符号表征，同时也体现了上海集体意志的幻影。因此，集中在浦东的那些令人印象深刻的巨型建筑群，就成了上海城市的招贴画和上海即将作为全球化城市的表征。

再例如香港的汇丰银行和中国银行。这两座建筑不仅是中环最为独特的标志性建筑，也分别体现出香港统治权的变换这一隐含的政治意义。对中国政府来说，在香港拥有中国银行这一最高的标志性建筑，赋予了北京政府一个全景的视角，保证了这个城市的清晰性和可控制性，而且中国银行还向香港居民、前殖民政府以及各种国际势力发出沉默的但又是显著的提示，即中国对香港的主权。最为重要的是这座形似竹子的摩天大楼预示着社会主义中国在全球化经济中日益重要的作用。因此，不管贝聿铭如何绞尽脑汁地解释中国银行在设计理念和形式上与汇丰银行的区别，这两座建筑在本质上并没有太大的区别，它们不仅在设计上反映出同一的国际建筑体系，而且还在空间逻辑上表征出同一的国际资本体系。因此，除却建筑学等专业性的阐释之外，两座银行建筑的竞逐不仅阐明了亨利·列斐伏尔关于把建筑和城市作为资本主义社会和物质空间的策源地的思想，也进一步凸显出将地标的作用仅仅停留于视觉识别的局限性以及凯文·林奇在城市意象研究上的社会文化的贫血性。

当然，差异并非是绝对的，在某一社会经济和文化集团中，往往会体现出一定程度上的同一性，而集团与集团之间又呈现出不同程度的差异性。这种差异也清楚地反映出环境认知本质上是一种社会产品，因为环境认知是通过社会环境而获得和形成，换句话说，即个体的心智图在很大程度上依赖于社会和经济等级中的真实性和被感知的场所。因此，社会的变更必然会影响个体的认知行为。例如在后工业社会，人类运用身体和感觉器官对环境的认知或空间定位就受到了有力的挑战，詹明信对此有过深入的阐释。在其对洛杉矶市中心的鸿运大酒店（The Bonaventure Hotel，波特曼设计）的体验中他指出："当你浸淫（酒店的空间）其中，就完全失去了距离感，使你再不能有透视景物、感受体积的能力，整体人便融进这样一个超级空间中。至此，空间范畴终于能够成功地超越个人的能力，使人未能在空间的布局中为其自身定位。一旦置身其中，我们便无法以感官系统组织围绕我们四周的一切，也不能透过认知系统为自己在外界事物的总体设计中找到确定自己的位置方向。人的身体和他的周遭环境之间的惊人断裂，可以视为一种比喻、一种象征，它意味着我们当前的思维能力是无可作为的。在当前的社会里，庞大的跨国企业雄霸世界，信息媒介透过不设特定中心的传播网络而占据全球。作为主体，我们只感到重重地被围困于其中，无奈力有不逮，我们始终无法掌握诺大网络的空间实体，未能于失却的迷宫里寻找自身究竟如何被困的一点蛛丝马迹。"

在这里，詹明信强调的是后现代空间感的混淆和渗透性，我们作为主体的可悲之处在于没有任何感觉和认知机制去认识这个空间。香港电影导演王家卫在其导演的《重庆森林》一片中，对这一问题也有深刻的表述。该片不仅通过研究式的注视来探究城市空间各个方面的现实，而且通过电影中四个小人物：戴着金黄假发的女子、223号和633号便衣警察、打工妹等人在城市空间中迷失与寻找的体验，表征出由于城市空间变化速度过快而致使旧有的认知模式和认知地图的无效性（图2）。

不过，詹明信在《晚期资本主义的文化逻辑》一书中重申了认知地图的必要性，他指出："毫无疑问，这确确实实是认知地图在城市具体

图2　澳门地标大三巴

而狭隘的日常生活网络中所要从事的工作，促使个别主体所处的境遇再现那个更大的和正常情况下不可再现的总体，这个总体是整个社会诸种结果的聚合。"在此基础上，詹明信在一篇以"认知地图"（Cognitive Mapping）为题目的文章中提出要以认知地图美学作为抵制经济全球化的政治策略，对于该问题的讨论已超出了本文的范围，但詹明信提出有必要从认知的角度确定出个体与当地和国家的社会关系，而且必须根据全球和跨国规模的阶级关系的总体性来进行思考，对于已经加入 WTO 的中国建筑行业具有相当的启发性。也正如詹明信指出的：倘若无法做出这种认知地图，就可能对任何社会主义事业造成严重的损失。更明白的表述即是：倘若中国建筑行业无法在全球经济化的图景中找到自身的位置，那么要建设有社会主义特色的中国或建设有地域文化特色的城市都将是一句空话。

注释

① 詹明信. 晚期资本主义的文化逻辑. 509.

传统城市起源说的颠覆
——简·雅各布斯《城市的经济》之解读

关于城市起源问题，历史似乎早有定论，即城市的发展是延续进化的程序，从狩猎到采集到农业到村庄到城市。简而言之是先有农村，后有城市，是农业和村落的发展促使了城市的兴起。这一始于亚当·斯密的观点，经过考古学家和人类学家的演证，已经成为了历史常识而被写入史书中，并构成了城市研究的基础和出发点。而简·雅各布斯这位始终对所谓正统城市规划进行批判的学者却大胆地宣称："不是农业，而是持续、相互依赖、有创新力的城市经济，使它们中许多新工作和农业成为可能。"也就是说首先有了城市，随后农业才从中分离出来并形成了农村。

简·雅各布斯是在《城市的经济》(The Economy of Cities. 1969)[①]一书中首次提出这一理论的(图1)。这是一本只有16开本的小书，尽管在封面上注明了该书是《美国大城市的死与生》的同一个作者，但遗憾的是，这本从经济运作的角度探讨城市问题的理论著作远没有像《美国大城市的死与生》一样引起强烈的凡响，其"城市在先，农村在后"这一打破常规的城市发展理论也没有受到学术界的关注和足够的重视。但是这本看似讨论经济运作与城市发展关系的著作，却隐含着十分深刻的对社会生活空间性的思考，而且这种以空间性为基础的视角所具有的潜在阐释力量，有可能会改变我们城市研究中许多想当然的东西或者是既有的模式。

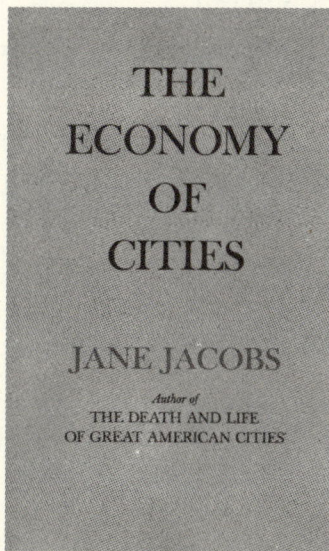

图1　简·雅各布斯的著作《城市的经济》

一、"新黑曜石"——一个"源初城市"的模型

在《城市的经济》第一章《城市为首，乡村在后》中，雅各布斯设想了一个建于11000多年前的城市——新黑曜石(New Obsidian)，它是因为贵重的黑曜石[②]生意和畜牧业技术的提高，以及采集来的各种野生

谷物和坚果类食物交换而逐渐形成为猎人的前农业城市。这一设想的城市不是简单的捕猎和采集家庭的聚集地，而是一个自己有着强大的内部资源，并能够刺激和反映经济革新、生产工作革新、扩张的劳动分工以及能够产生经济增长的特定的空间集聚。

"新黑曜石"城的一个重要因素是商人和工匠。商人从旧石器时代的猎人手中获得黑曜石用以交换粮食和其他物品。猎人成为整个区域定居点上食物(主要是野生谷物和坚果类)以及其他物品交换的中间人。物品交换点和外地商人聚集的地方通常位于城市外缘。这个所谓的"物品交换广场"，一个刚刚萌芽的"边缘城市"，或是一个"市郊"，不仅成为了一个熙熙攘攘的当地居民与外界汇聚的商业中心，而且也是"新黑曜石"城惟一的公共开放空间。

当地居民的食物有一部分来源于"新黑曜石"城周围古老的狩猎和采集地，但很大一部分是来自于进口。在当地的批发和零售商人中逐渐形成了专门从事管理的人员，并控制了进入城市家庭的各种事物的流动。随着时间的推移，出现了在一些家园中小块地里播种的活动。由于种子贸易的发展，不仅改变了种子的质量，也进一步改善了播种活动，从而为"新黑曜石"城提供了越来越可靠的食物来源，同时也创造了与其他物品进行贸易交换的条件。

雅各布斯认为，正是这种地理和社会空间进程构成了农业革命的都市起源。可以肯定的是，除了捕猎和采集之外，农业已经与商业和手工业领域一样，不仅变得专门化了，而且也构成了地方经济的一部分。此时，尽管乡村世界仍然围绕着小而简单的捕猎和采集定居点，但人口与发展的城市空间及其想象的社区发生了紧密的联系。

也许正是畜牧而非谷物种植在从城市的迁出中首先改变了狩猎采集的田园经济。正如雅各布斯指出的：为了满足大群牛羊的驯养，不仅要丰硕的牧草，而且还要有效地控制在城市区域的范围内。因此，畜牧和照看工作自然就转到离城市大约一天行程的牧草区，这样就不仅产生了有耕作知识和城市生活方式的家庭，同时又有擅长为城市生产肉、兽皮和毛织品的小村庄，并通过逐渐的合并，使得定居点人口进一步地集聚。

从上我们不难看出，雅各布斯的理论是基于一个特定的源自内部动力的都市革新，以及既离心又向心的区域发展和传播过程。它不仅包含了关于经济扩张的当代观念，如种子的进口替代策略和出口基地模式，而且标示出"源初城市"的同样具有类似于城市化、去城市化和再度城市化的过程，通过把城市置于首位，建构起了一个全面和具有强烈影响的聚集经济的空间性理论，从而不仅颠覆了城市发展进化的通常路线，也彻底颠覆了以时间性为基础的史前社会发展的传统顺序。

二、社会分工、城市起源以及生活的城市

在城市与农村孰先孰后的论述中，社会分工是一个关键问题。通常的城市起源说大都基于社会大分工理论基础上。在《家庭、私有制和国家的起源》一书中，恩格斯首次系统地阐述了关于三次社会大分工的理论，其中农业始终是在先的，随后才有畜牧业、手工业与农业的分离以及商业的分离。这三次社会大分工不仅使商品的剩余和交换成为可能，同时也使得人口的集聚成为可能，进而逐渐发展出城市文明。因此，农业构成了城市起源的必要条件。但是，关于社会分工的理论仍然没有被考古和人类学的材料所充分证实，尤其是关于第一次社会大分工的论述至今仍处于讨论和质疑中。[③]

而在《城市发展史》(The City in History)一书中，芒福德这位大工业城市悲观主义者则将城市简单地定义为始于农业的"一个村庄的联合"，并且把城市的历史阐释为一个从远古形式到当今不断衰退的过程。[④] 据此，雅各布斯提出了针锋相对的批判。她指出："我已经问过考古学家他们怎么知道农业走在城市之前，他们告诉我经济学家已经解决了这个问题；我又问经济学家，他们告诉我考古学家和人类学家已经解决了这个问题，似乎每个人都依赖别人的说法。"

受到当时考古学的启发，[⑤] 雅各布斯断言首先出现的是城市，农业和游牧村庄的形成是与"源初城市"连在一起的，并进一步阐明了城市是农业剩余的必要条件，而非相反，从而推翻了关于城市起源生产社会进化的解释。

显然，这一观点并不是以线性的时间顺序为基础的。尽管雅各布斯也大量地引用了历史事实试图证明关于"新黑曜石"的设想，但似乎并不太符合历史学家和考古学家严格考证的标准，同样无法用现有的人类学材料来证明，也无法通过对尚存的非文明社会的观察来推演。因为，与现存的非文明社会[⑥]所不同的是，"源初城市"在本质上是不稳定的、过渡的和开放的。也许这正是雅各布斯的城市起源说未受到关注的重要原因。尽管"新黑曜石"城的假设仍然有待进一步的考古发现来证实，但雅各布斯的中心论点却是十分有力和深刻的，特别是在与当代城市的关联上。

首先，我们可以将雅各布斯的"源初城市"看作一个非真实的或非历史地理意义上的存在，而只不过是对城市社会和空间的一种形式抽象。这个城市可以存在于任何的历史时间和地理空间中，它不仅可以在原始上存在，同样也可以在现在存在。因此，在《城市的经济》一书中所谓的城市并非是一个已经实质性存在的形式，而是雅各布斯根据经济发展和运作对表现出城市特性(Cityness)的一些特定空间区域的形式归

纳。在这一层面上，雅各布斯与亚历山大一样，是个典型的形式主义者。

其次，对于雅各布斯来说，城市触发和标示了劳动分工的发展。雅各布斯指出："当新的劳动被增加到旧有的劳动中，新增加的总是超越劳动的类型而粗暴地切入进去，无论人们如何去分析各个类型。只有在不发达的经济中，劳动才会温顺地停留在既定的类型中。"也就是说由于劳动的细化和新的劳作形式的出现，并在与其他类型劳作的结合中，劳动分工形成了。我们可以用以下的公式来表达：当 D(一种劳作的劳动分工)被增添到 A(一种新的行为)里面，新增的形式(多样化)就发生了，用公式表示就是 D＋A，其多样化如图 2 所示。在分工发生之前，这个过程是难以预料的或根本不可预料的。但在发生之后，在新增的工具和服务存在之后，整个过程看上去又是如此自然和符合逻辑。这种逻辑类型与自然智能中的要素具有同构性。而生活的城市则是按照劳动分工发展的，是由多中心构成的，同时由不可预期的类型交叉造成的。正是这种多样性和不可预期性才真正构成了生活城市的本质。

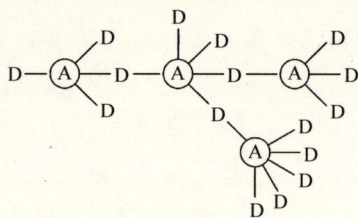

图 2　社会分工示意图

所谓的城市规划和经济规划通常总是围绕某个中心将各个部分组成逻辑的树型结构。因此，正统的城市规划，即依赖大规模的所谓精确计算的投资或中心化的规划是没有出路的，惟一可行的干预城市形成的方式就是在无方向的和块茎式的网络中加速不可预期的多样性或差异性的形成。

三、启示

在 1969 年首次出版的《城市的经济》迄今将近 40 年。在这数十年中，不仅城市发生了巨大变化，各学科也有了长足的发展。从当今的理论视野反观雅格布斯的城市起源说尽管有其不足之处，但仍然给了我们许多的启示。

第一，基于社会大分工理论的城市起源说实际上把历史预设为直线演化的事件，这种先验的观点不仅假定了社会历史的整个过程，也决定了过去和未来城市的发展历程，而正是根据这种假定，我们在规划整个社会和城市时，关于历史起源的理论也就自然落入这种历史逻辑中。但是，正如雅各布斯批判所谓正统的城市规划忽略了城市生活的现实一样，这种直线形演化的过程也忽略了城市的基本状况，即城市始终处于城市化、去城市化和再城市化这样一个不断反复回溯的过程。只不过当代城市的这种反复回溯过程在规模、强度和速度上不断在增大。这一非线性的过程与后结构主义语言学的编码、解码和再度编码的过程极为相似，这一过程不仅可以在不同的地理空间随时发生，也可以在不同的历史时段中随时发生。

因此，雅各布斯的"源初城市"就类似一个块茎式的蔓延生长，并呈现出不规则、非决定性和不可预期的特质，这种块茎式的"源初城市"也就无法用单一性加以一分为二的辩证逻辑分析。在这一层面上，如果说亚历山大是一个结构主义者[7]的话，那么雅各布斯显然是一个后结构主义者。

第二，基于农业是城市起源必要条件的思想首先预设了城市——农村二元对立的基质，致使在关于人类生存环境的思考中，城市和农村始终处于两分状态，对城市问题的研究也是将农村作为城市的对立面来处理。而从自然协调的生态系统演化出来的农村天然地优于城市，这也奠定了霍华德和芒福德等城市学家的大城市悲观主义，并用自然协调的生态系统去对抗工业发展的思想基础。

但是，雅各布斯的"源初城市"的思想则天然地将农村看作是城市整体演化的一部分，它们始终是人类社会发展的一个整体。对城市的思考也必然要与农村的问题相结合，并且当代的城市和社会现实尤其是当代大都市的发展已经无法忽略和回避农村的问题，必须将两者重新结合成一个统一的整体进行研究和分析。因此，雅各布斯在 40 年前所提出的"城市在先，农村其后"的思想，不仅能够启发我们重新对城市进行思考，而且这种基于社会生活的空间性理论对于当代的城市实践有着重要的现实意义。

注释

① 美国著名城市地理学家 E·W·索亚认为，《城市的经济》一书的出版标志着雅各布斯成为了 L·芒福德的主要的论战对手。

② 黑曜石系一种天然水晶，极为昂贵，加工成工业或装饰品更是价值连城，民间多用于镇宅和避邪。

③ 长期以来，史学界一直没有停止过对于社会大分工的讨论，尤其是关于第一次社会大分工。有的试图弄清楚恩格斯"第一次社会大分工"的真正的含义，有的则直接质疑这一理论本身，更多的是直接运用于古代历史的研究中。

④ 在《历史中的城市》一书中，芒福德将城市简单地定义为始于农业的"一个村庄的联合"，并且把城市的历史阐释为一个从远古形式到当今不断衰退的过程，认为大工业城市是没有出路的。

⑤ 美国考古学者 J. Mellaart 的考古发现和对遗址的解释启发了一些打破旧习对城市起源的再解释。

⑥ 非文明的社会在结构上是静态的和稳定的系统，它在各个发展阶段中是通过封闭的空间边界、通过有意地或偶然地将自身隔离而形成的。

⑦ 亚历山大将自然的城市看成是一个半网络结构，他遵循的是一种树形逻辑。

参考文献

[1] Jacobs. Jane 1969：The Economy of Cities. New York：Random House.

[2] K. Karatani. Architecture as Metaphor. Massachusetts：The MIT Press Cambridge, 1995.

[3] E. W. Soja. 后大都市. 李钧等译. 上海：上海教育出版社, 2006.

[4] 马克思恩格斯选集(第四卷)[M]. 北京：北京人民出版社, 1972.

[5] L·芒福德. 城市发展史. 宋俊玲等译. 北京：中国建筑工业出版社, 2002.

[6] 汪民安. 文化研究关键词. 南京：江苏人民出版社, 2007.

理论与实践的趋近
——关于"汉正街"研究视角和方法的思考

"汉正街"就像博尔赫斯笔下的交叉小径的花园，路径出奇地难找。在汉正街令人困惑的历史化过程中，不断变化的社会生活和日常世界生成了太多的相互矛盾和冲突的形象。因此，用传统的方法，即以时间序列和社会结构展开的研究和描述，是难以真正把握的。而在空间性方面，由于汉正街的区域始终处在流变之中，到处都有"非正规性"的空间存在，对传统意义上的空间分析和阐释也构成了挑战。因此，新的研究视角或方法的找寻本身也构成汉正街研究的一部分。

一、介入汉正街

面对汉正街如此复杂的社会—空间形态，多学科的介入是必然的，但在介入之前，研究者的基本立场和态度在很大程度上决定了汉正街研究的走向和结果(图1)。实际上，"城市调查"(Urban Investigation)并不是什么新鲜事物。早在19世纪中叶，英国学者 Henry Mayhew 在伦敦的贫民区，就劳动力和穷人的状况做过非常翔实和深入的调查研究。[①] 到了芝加哥学派，在与社会学的结合中，更是将"城市调查"发展成了一种完整的研究方法。但无论是 Henry Mayhew，还是芝加哥学派，都没有脱离认识论的线索，即研究者和研究对象的两分状态。为了打破这种二元划分，在介入汉正街的时候，就应该把自身转变成一个本雅明意义上的"城市漫游者"(Flâneur)，将全部的兴趣都投射到街道生活的细小方面，沉迷于街头景观的诱惑和震撼，敏锐地观察人群和街头上所发生的各种事件。同时，又要强调思维的模式也应该像本雅明那样把思辨

图1 汉正街自建区鸟瞰

的理性要素与对细节的微观关注结合起来，只有将思想寓于最微小的细节中，才有最终超越细节的可能。这正如本雅明所说的，思想应该浸润在经验中，然后把它拎出来，只有这样，思想才能保持它的来源与经验的神韵。

有了这一立场和态度为前提，行走汉正街就成为研究的一种最基本的方法。行走在汉正街，研究者不仅会很容易消解身份认同，同时也是在重新绘制(Re-mapping)汉正街的认知地图，甚至在寻找大武汉所失落的城市文本。尽管行走者的每一个足迹都是暂时的，他们的记录或书写也常常呈现零乱、片断和毫无意旨的状态，有时连自己也无法解读，但"城市漫游者"(Flâneur)式的关照空间的方式，即在步行中通过身体的互动去接收新的讯息，并依此对城市空间重新进行整合的企图和可能性，对于汉正街的研究来说是至关重要的。②

传统的"城市调查"关注的是分析和解释的方法，为了使城市空间成为一种可理解和可读的结构，研究者的兴趣更多地放在了描述上。但在步行中，人关照城市空间的方式也就超越了符号学的分析和解释，城市空间也就不再是一种予以分析的人工制品，而是一种体验和意识投射的基质，行走者自身也就参与到了城市空间的形式和意义生成(能指和所指)的游戏当中。行走者移动的痕迹也同时创造出一些并不需要所谓易识别性的路径，创造出一种与唯视觉性的或理论性建构的几何学和地理学空间毫无关联的丰富的空间实践。因此，一种迁徙和隐喻的城市概念就被置于规划性城市的秩序性和清晰性之前，人们所进入的是一种日常实践的生活空间，它与预先计划和规范化的操作完全相反，即法国哲学家德塞图所主张的城市"逃遁术"，也可将它称之为"非正规性"的城市空间实践。

二、"金昌大厦"与日常性

人的感觉和记忆的符号在很大程度上都是通过对生活世界的现象学还原所提取出的。城市空间的结构不是源于主体的先验形式，也不是来自于结构的无意识，它们是通过人们的日常生活，即通过对这些要素的日常生活的使用所构造起来的，是日常生活使所谓的城市空间或结构显现了出来。现代性的降临，理性化的增长带来不断的分裂，技术和官僚的统治已经渗透到几乎每一个存在的领域，导致了功能和社会分化的不断增加，家庭生活、休闲时间或文化活动的几乎每一个层面都无法逃脱系统化，这种无情的理性化是当代城市最大的现实。而汉正街却正以自发的或下意识的形式对这一严酷的现实作着另一种阐释，对空间的各要素进行着一种"非正规性"的建构。在其中，丰富、真实的日常生活使汉正街矛盾的同时具有区域的多样性和地方的同一性。这一特性在"金昌大厦"(图 2)中体现得尤为明显。

图2 金昌大厦

在这个不足 600 平方米的空中平台上，容纳了 4 个诊所、3 个幼儿园、10 个杂货店、3 个发廊、5 个美容院、3 个影碟出租店、2 个网吧、13 个饮食店，还有诸如小作坊、家政服务、工商管理和健身等。因此，当你驻足于其中时，"金昌大厦"所展现的日常生活的丰富性和真实性给人以震撼。原本简化和枯燥的空间和使用功能，在混杂、无序但充满生活气息的矛盾张力中，具有了一种日常性的真实美和诗意的气氛，它不仅消解着一切关于现代功能主义的条条框框，而且具有了一种僭越技术理性和资本逻辑控制的能力。

当然这并不等于说，立足于私人生活和各种日常生活现象的研究，不研究空间的整体性和社会性以及它们的形成过程，而是认为不能把这种空间的整体性和社会性看成是某种自然的实体，某种独立存在于人，并在人之外的实体。它们应被看成是空间的社会实践、空间的社会关系、空间的社会结构、空间的社会机制，总之是与人或与人的身体行为分不开的。它们是由人建立的，是人从身体出发，根据自己的经验、习惯、需求建立的。它们是由个人的经验，个人之间的相互作用产生的。据此，就需要建立一种相应的解释模型，即从经验的资料出发，建立现实的个人和集体行为的空间实践模型。

在《现代世界中的日常生活》中，列斐伏尔曾指出：在现代主义时期，日常生活已经无可挽回地遭到侵蚀和掌控，希望出现一种整体的文化革命来粉碎一切束缚。但在汉正街，我们可以看到另外一种景象。尽管汉正街存在所谓的第一原则，即商品的生产和消费，在第一原则的驱使下，任何其他的力量都可能被规训而失去抵抗，但居民们的日常生活却在形成着一种反力，它包括各种匿名的创造和边缘化的实践和仪式，包括居民的自建、儿童对废墟和各种设施的创造性使用、"美女街"的时尚元素(图 3)以及自己或与家人朋友一起做的活计等，它消解了汉正街的所谓第一原则。因此，在汉正街，作为理性控制的经济原则（第一原则）与市民的日常生活之间的矛盾张力，提供了汉正街城市空间重新整合的潜在性。

图 3 "美女街"的时尚元素

三、"扁担": 汉正街的陌生人

英国经济学家森尼特认为: 城市就是陌生人可能在此相遇的居民聚集地。自 19 世纪以后, 城市中的差异性和多样性问题也逐渐成为城市生活的核心问题。早在芝加哥学派, R·E·帕克就开始了对差异性问题的关注。③ 路易斯·沃思(Louis Wirth)的城市主义理论也曾将异质性与人口规模和密度一起看作是城市中的决定因素, 是种族、人和文化的熔炉, 是一种新的生物和文化杂交的最适宜的生息地。

汉正街也是一个由无数的陌生人组成的世界, 由于汉正街几乎不存在所谓的准入门槛, 每天都可能涌入大量的"移民"。他们来自武汉周边的各个地区, 操着不同的口音, 从事着尽可能维持生计的工作。尽管他们可能是经由同乡而进入汉正街, 附着在某一行当的群体中, 但他们的正式身份或位置却具有一种模糊性, 与某一行当的群体关系也是极为松散的。由于他们不必完全融入和成为某一群体的一份子, 因此在一定程度上保持着客观性。这种客观性是一种自由的状态, 这种自由并非出自不想参与, 而是出自约束性的缺失。这种约束的存在, 特别是在现代生活中, 将威慑我们对环境的客观感知、理解和评价。而由于不受某一群体的文化和习俗的束缚, 陌生人为汉正街研究的客观性提供了可能。

"扁担"是对汉正街内搬运工的俗称(图 4), 这个在过去主要附着于帮会的群体, 现在主要以个体形式存在。他们自发地选择聚集区域, 寻找着活计(图 5)。作为汉正街商业链条中关键的一环, "扁担"的存在激活了整个市场。尽管如此, 但"扁担"的身份总是处于最下层或边缘状态。在这一层面上来说, 无论他们来汉正街的时间长短, "扁担"始终是汉正街的陌生人。

除此之外, 汉正街中还有许多处于边缘状态的群体, 如老人、妇女、儿童等。在具有强势同一性的社会和集团中, 这些群体不同的生活模式和性取向以及工作或居住在汉正街的人所持有的生活体验的匿名性, 都可以看作是一种"陌生人"现象。因此, 边缘性逐渐成为了汉正街的本质。因此, 在社会关系日益商品化的汉正街中, 每一个人都是一个潜在的"陌生人", 因此, 差异性变成了一种准则。

图 4　人物汉正街之二——搬运工

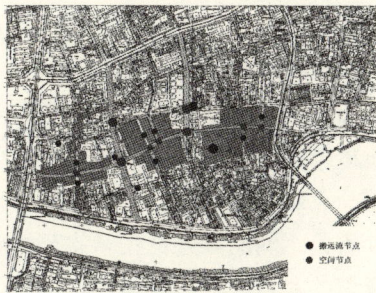

图 5　搬运工聚集的空间节点

四、"打货"者与"零度空间"

在人类历史上，禁绝和吞噬是两种主要的应对策略。禁绝这一策略从以极端的方式监禁、流放和屠杀改良为现代社会的空间隔离，即迫使某些人有选择性的或禁止使用某些空间。吞噬是对异己成分的"非异化"（Disalienation），是对外来因素的容纳、吸收和吞没，以便通过代谢作用，使其与接纳体本身保持一致。如果说禁绝要将他者加以放逐和消灭，那么吞噬是要终结他们的不同性和差异性。

在汉正街，除了少数新开发的楼盘，吞噬占据了主导，并集中地体现在消费的空间上。这一类空间的主要目的是要让来汉正街的"打货"者，或更确切地说是让在汉正街的每一个人都变成一个"打货"者（图6）。人们可以毫无禁绝地来到这个小商品零售和批发的"天堂"，但来汉正街的人是会聚在一起而不是整合，是群集而不是集体，人体现的只是集中而不是一种总体性。因此，无论他们是多么拥挤，在这些集体的消费场合没有任何"集体性"的存在，尽管这种消

图 6　人物汉正街之——"打货者"

费空间看似一种毫无身份、关系和历史的表达的空间（这种空间在当代社会中被机场、高速公路、汽车旅馆、公共交通工具等不断强化，甚至逐渐演化为一种全球模式）。

针对城市空间的消费问题，列斐伏尔曾经指出："威尼斯的参观者并不专注于威尼斯本身，而是专注于威尼斯的词语、导游书中写下的词句以及演讲者讲出的话语、扬声器和录音机中宣传出来的东西，这实际上是一种

社会的零度化，即这种经验价值和现实价值的无效，使得物体的零度呈现出来，使需要的零度、时间的零度呈现出来，从而建构出了一种纯粹的形式空间，一种感受不到压抑的压抑型空间，这种空间是一种零度空间。"④

但在汉正街，低廉的各类小商品或"水货"，使得购物和消费这种"打货"者并不需要通过广告制造的虚假需求，而是直接专注汉正街本身，来自"打货"者自身的欲望界定了他们自己的种种需要，其消费需求是直接通过最普通的日常生活实践得以界定的。因此，汉正街的"打货"者，不仅使马克思主义关于真实的需要和虚假的需要的区分，甚至使用价值和交换价值之间的区分丧失了正当性，而且以自己能够采用的较为隐秘或下意识的对抗方式颠覆着权力的结构，消解了当代城市空间的零度化。

五、结语

生活世界是彻底开放的，它无所不包，超越所有的学科领域，同时，又永远不能被彻底认知，而源自于生活世界的空间同样具有这种开放性和神秘性。这似乎是为时两年的汉正街研究所得出的最明确的结论。汉正街的无序和不断演进，使其无法表现为稳定的结构形态。汉正街的这种特性，也迫使我们无法在僵死封闭的认识论基础上形成一种既定的研究结构。因此，只有通过无尽的理论与实践趋近，通过在各种学科领域中批判性的游弋，才能使汉正街的研究以至新一轮的开发保持开放的姿态。也只有保持这种开放的姿态，才能使汉正街真正成为"扁担"的汉正街，成为"打货者"的汉正街，成为老人和儿童的汉正街，成为汉正街人的汉正街，成为我们每一个人的汉正街。

注释

① Simon Parker. Urban Theory and The Urban Experience. 28.
② 汪原. 时代建筑.
③ Blair. Badcock: Unfairly Structured Cities P9
④ 抑海峰. 走向马克思：从生产之镜到符号之镜. 46-49.

参考文献

[1] Simon Parker. Urban Theory and The Urban Experience. London: Taylor&Francis Group, 2004.

[2] Henri Lefebvre. Everyday life in the Modern World. Lodon: Tr. Sacha Rabino-vitch, 1971.

[3] Blair. Badcock: Unfairly Structured Cities Basil Blackwell, 1984.

[4] 抑海峰. 走向马克思：从生产之镜到符号之镜. 北京：中央编译出版社, 2003.

[5] 汪原. 日常生活批评与当代建筑学. 建筑学报. 2004, 8.

立面：作为一种方法
——读《立面的误会》所想到的

在当今，由于要在全球化过程中，确认自己的文化身份，因此，"文化认同"已经越来越迫切，与西方文化的比较也就成为了时代必然，这是我初翻《立面的误会》①（以下简称《误会》）的一个直接感受。赵辰先生在境外游学多年，又对中国古代建筑用力颇深，于中西两方面都有精辟的见解，这是我辈多数建筑学人所不及的。尽管他自己戏称书中所收入的都是一些"小文章"，但读罢此书，不仅感到这是一次真诚的、高水平的讨论，而且还能够体味出文集始终透着一种大的视野和方法论的企图。

在书中，赵辰先生提出了应从东西方文化关系的层面重新思考建筑史问题，希望我们认识到：当思考中国或其他文明为何没有发展出与西欧类似的建筑学，或者为何没有经历西方建筑文明所经历的过程时，核心应该是从发生学的角度，结合每个建筑文化发展的轨迹，探索它自身的发展道路和出现这种发展方向的历史语境，致力于描述和分析不同建筑文明应对生活挑战的各种不同方式。书中诸如此类的精辟论述，尤其是《误会》在总体上的思想深度以及希望建立中国自己的建筑理论体系的拳拳之心，读者只有读原书才能体味。在中西建筑文化两相比较中，赵辰先生为诸多建筑史的问题开启了有益的问题域，不过，我也愿意提出几点与赵辰先生不同的看法，尝试着进入《误会》一书为我们提供的对话场域。由于《误会》由多篇文章组成，我并不想篇篇俱到，只是有的放矢。

一、关于梁思成中国建筑思想的"矛盾"和"悲剧"

书中首篇文章是关于梁思成中国建筑研究的讨论，其中指出因梁思成政治上的民族主义与学术上的西方古典主义形成矛盾，因而导致了悲剧。由于把许多不同层面的问题混杂在了一起，这一结论显得大而化之，缺乏说服力。我认为政治上的民族主义说的是人们思想意识形态的倾向，学术上的古典主义说的是针对具体学科或问题的研究所运用的方法和理论，尽管两者有关联，甚至相互影响，但两者并不在同一层面上，而且作为历史理论学家和作为建筑师同样分属两个职业，因此，在梁思成身上是否形成了所谓矛盾，就需要分层次地辨析。

（一）关于中西古代建筑体系之间的矛盾

人类建房之初，依照的是自然本性的理解，也就无所谓建筑学（Architecture）。作为一种系统的学科理论，建筑学只是在人类物质化的建造活动即营建（Building）上升到对空间有意识地组合时才出现的，它不仅反映出对行为模式的控制，对生产设施、场所、人群活动的组织和分配，对空间场所赋予意义；与此同时，还要对这种实践本身进行反思，进而把建造活动抽象为精神向度的求知活动。概括地说，在实践行为上，建筑学体现的是建造和对建造的反思；在知识论上，体现的是方法以及方法论的诉求。因此，建筑学就不仅仅关注经验式的建造及其建造方法，它同时还关注在观念上对建造和方法进行反思，注重在方法论层面上的思考，以建立对建筑的整体理论解释。

古时建造大多依靠经验和常识，对于工匠来说这是业内人所共知的、基本的建房知识。这些知识包含的许多道理，不仅靠口传身授地代代传承，也包含在前人建房实践的定规之中。徒弟按照师傅教他的方法，不断实践，逐渐明白了用材建房的道理。师傅也不用证明或解释什么，因为房子就是这样建的，就像石材比木头坚固、木头比石材有韧性、砖石要一块一块地磊一样简单明了。

但有些问题，常识和经验似乎无能为力。我盖房用了 20 根柱子，他却只用了一半，经历了大风大雨后同样没有坍塌，为什么？我的房梁又大又粗，上到房顶费时费力，他的房梁比较细，三下两下就落了位，为了省时省工，房梁到底多粗最合适？为什么按这种样式做，房子即壮观好看，换一种就不仅小气，而且难看的很？各种空间功能，如何才能布置得既顺畅又适用，其中是否有最优化原则？这种不断的追问，会逐渐形成更系统的道理，进而可以基于这些系统的道理，对经验知识进行反思。为使许多具体的做法具有通用性，还需要借助数学或力学的原理去分析；为了使道理更具普遍有效性，就需要在抽象的层面上，运用概念思维去对诸多的事物进行界定、分类，进而形成每一个概念自己的结构等级和相应的概念群，如在形式的范畴下，会派生出比例、尺度、体量等；在意义的范畴下，会派生出风格、历史、文化、美等，从而构成了建筑学知识生产的组织原则、构成要素、思维路径和解释方式。据此，便形成了系统的理论，可以对建筑问题进行整体的解释，并可能进一步创造出新的设计方法以及新的建造方法。特别是自启蒙运动以来，建筑学与几何学和数学等学科的结盟，使之成为一门具有严密、精确和高度客观性的空间科学。

作为一个纯西方的学科术语，建筑学之进入中国已是晚近的事。在此之前，一方面，中国古人经长年的经验积累，形成了整套的建房习俗和定式，并且在对材料的适宜选择、合乎材性的结构形式以及合理的、经济的营建活动中，充分体现了中国古人的理性特质(李泽厚称为实践理性)。另一面，虽然中国古代有着诸多的营建法则，但却并不注重对这种师徒传授、以经验为主的实践活动进行反思，更没有上升至方法论层面上进行总结，也就不可能在整体上形成对建筑的理论解释。当然，不注重理论不等于说中国人不会盖房子，也不等于说不对盖房子提供理性的理解和解释，风水师讲的就是一套阴宅阳宅选址的道理。但理论解释与就事论事的解释之区别在于整体性和普遍性。因此，哲学家陈嘉映曾指出：中国人是世界上最富理性的民族，但远不是最富理论兴趣的民族。在我看来，重经验和重理论也是中国古代建筑与西方古典建筑在学理上的根本区别。

西方的古典建筑体系发展到巴黎美术学院阶段，思想上早已完成了从"神本"到"人本"的转变，也不再是仅仅关注形式、风格等建筑的自然本性的理解，例如迪朗(J. N. Louis Durang)的结构功能主义的研究，勒-丢克(E. Eviollet-Le-Duc)关于建筑结构表现的真实性，坚持建筑造型与结构方式的统一的思想，舒瓦西(Auguste Choisy)对气候、生活方式、社会结构以及风俗的重要性的强调，均是在近代理性主义分析原则的基础上。[②]

如果"巴黎美术学院体系经宾夕法尼亚大学及克瑞得成功传递，成为梁思成为代表的第一代建筑历史学家的立足之本"，[③] 那么与形式、风格法则的训练同等重要的理性主义原则，理应形成对梁思成的深刻影响。同时，梁思成在哈佛大学的学习经历，使其接触到了现代建筑的思想，并深受影响。他认为："因为形式的相同，'国际式'建筑有许多部分酷类中国形式，这并不是他们故意抄袭我们的形式，乃因结构使然"。[④] 因此，梁思成也绝不会仅仅停留在对相关史籍的收集、整理、注释，也不会停留在单纯地对实物的测绘和考证上，他更希望用严密、精确和高度客观性的空间科学对中国古代建筑的实践进行理论解释，这是一个像梁思成这样的学问大家在学术上的自觉。

就建造本身来说，都要面对诸多根本问题，如形式、材料、结构、使用、舒适、经济等。因此，人类的建筑必然有着共同的本质存在，基于此上，才会有生发出各个文化对这些问题的不同解答，构成了各建筑文化之间的差异。理论在于把握事物的本质——透过现象看本质。在理论/现象的两分中，解释就是一件外在于理论、与理论建构分开的事情，也才有了解释力的说法。一种理论对一种现象是否具有解释力，端赖解释得是否合理，是否令人信服。如果用化学理论来解释建筑现象，当然谬之千里，前提首先就不成立，但用西方的结构理性去分析中国古代建筑的木构问题，我看不仅没什么不妥，而且还相当具有说服力。

所谓"主流建筑"和"非主流建筑"之说，其内涵和外延并没有明晰的界定，既没有指明某种具体的形式风格，也没有标示某一特殊的建筑类型，只能算是泛泛的称谓，倒是把"主流建筑"看作普遍的、占主导的理论话语更为妥帖。不仅"主流建筑"的理论话语可以解释其他文化的建筑现象，用"非主流建筑"的理论话语去解释"主流建筑"现象，在学理上也同样成立。而且不同文化之共同问题还可以构成对话的平台，通过相互的叩问，开掘出无论是内在于还是外在于彼此的思想资源，挣脱对建筑的既定思维程式。

(二) 关于政治上的民族主义

学术研究有时很难与政治拉开距离，意识形态往往对学者的价值取向有着决定性的影响，这在建筑学上体现得比其他学科要突出。关于民族主义与科学主义(西方主义)这两种建筑价值取向的问题，赖德霖先生在其专著《中国近代建筑史研究》中有精彩的讨论，⑤ 在此就不再赘述。

由于客观上西方和中国建筑体系并不天然对立，而价值取向则全系文化心理的主观选择，如果坚持一方而排斥另一方，就像倡导科学主义者要彻底批判和否弃民族主义，而执着民族主义主者则要全盘抵制科学主义，两者自然水火不容。

从历史理论学家的角度来看，梁思成认为：完全可以用科学主义的理性原则来解释、研究，甚至改造中国建筑，并坚信中国古代建筑的美学本质在于它的科学性——结构的理性，因此，两者不仅不存在冲突，反而可以达到充分的融合。

从建筑师的角度来看，每个设计者都要必须面对意识形态和权力的要求与限制。由于当时的意识形态所需求的民族传统形式本身就与现代生活、材料、技术相抵触，这种违背结构和材料理性的所谓"民族形式"的设计要求，会发生在任何一个建筑师身上，过去如此，今天也概不能外。因此，当建筑师面对这一矛盾时，是一种常态，而通常我们是不会对常态的事物提出疑问的，就好像我们去探望病人会问他为什么生病，而见人打招呼则不会问你为什么没生病。因此，作为建筑师的梁思成同样面对这一矛盾时，也就没有什么特别值得疑惑和诘问的。

另外，理论家的思想与其行为相冲突，并不是什么新鲜事，反倒是言行一致、不会折中妥协的颇多悲情色彩。如果偏要较真的话，我倒以为至今沿用风格史写法的教科书实在令人悲哀，它似乎演化成了一种独断的学术意识，用不容质疑的历史方法规训着一代又一代中国建筑学人。尽管这种现象看似肇始于梁思成，而其根本原因恰恰在于我们自己太缺乏反思精神和方法论的追问。

二、立面：作为一种方法

人对事物的认识通常是从外观入手的，因为正是最富意义的形式外观打动和吸引着我们，而不可能一上来就直接把握住事物的本质。对于建筑的认识同样如此，我们首先看到的是建筑的整体形象，然后是其内在的结构，最后才落到一块砖或一根木头上。梁思成一不是工匠，二不是宫殿的使用者，他不可能一上来就直抵本质，或把握砖木的联结建造本质，或找出空间布置的内在逻辑。因此，中国古代建筑首先打动梁思成的，理应是夕照中的古塔之典雅形式，是阳光下皇宫大殿的恢弘气势，而不会是应县木塔的某根木头、故宫大殿的某块砖石，因此，着手对中国古代建筑的形式外观的研究，也就顺理成章。况且，中国古代建筑与西方古典建筑在一些视觉处理上非常类似，例如中国建筑的"柱侧脚"与希腊建筑的"视觉纠偏"内倾柱式方法和效果就大致相同。

立面，作为建筑的正投影形式，在建筑现场的视觉观看是不能完成的，需运用几何和阴影透视作图而成，这就使建筑师可以脱离直接体验，专注于图纸上的操作，从而使间接知识的获取得以可能，也就为反思准备了条件(注：尽管中国古代有侧样和正样，但都是用于施工的)。这种知识形式完全有别于经验这种直接知识，也是中国古代建筑实践几乎没有过的。据此，梁思成不仅开启了一种以风格为线索的历史视域，更重要的是：立面作为一种方法，开始了对中国古代建筑的反思性研究。

"立面"作为一种观看中国古代建筑的方式，是梁思成根据自己的生活经历和学养，用自己的眼睛进行的"看"（可能是中国人第一次这样主观地"看"），不仅遵循着认识之一般规律，而且也是非常个人的事，没有任何理由限制梁思成这样去"看"，梁思成也不会强迫大家都必须这样"看"。其他人大可不这样去"看"，或者换个角度去"看"，还可以上升到抽象的层面，用分析、还原的方法去"看"。李允鉌就曾在《华夏意匠》专辟一章讨论立面，不仅指出了中国古代建筑之立面具有两重性：既有房屋的外观，也有庭院的内观(背景)，而且还阐明了中国古代建筑立面独特的生成方式。⑥

一个强调普遍的形式归纳，一个着重特殊的结构逻辑生成，但无论是形式原理分析，还是动态过程解释，都不过是不同方式和角度。而且普遍性(同一性)和特殊性(差异性)本就是事物的两面，偏执一方必定遮蔽另一方。而跳出对错高下判然两分的纠缠，我们可以认识到的是，不管你怎样"看"，都不会改变中国古代建筑以其本来的样子矗立在那里。据此，我们可以继续以不同的方式"看"下去。可以围绕建构概念，根据高度、跨度等纯技术概念，去探讨木头的建造逻辑。当然，这已是抽空了建造的意义，在更高的还原层面上的特殊的"看"了。⑦

最后，值得提醒的是，这些有别于梁思成的"看"，已是发生在几十年之后的事了，此时此刻，不仅西方现代主义观念早已深入人心，而且层出不穷的新思想必定会导致更多的不同的"看"，从而可以不断拓展和丰富对中国古代建筑的理解。

注释

① 赵辰，《立面的误会》，生活·读书·新知三联书店，北京，2007

② 汉诺-沃尔特·克鲁夫特，王贵祥译，《建筑理论史》，中国建筑工业出版社，北京，2005，P201-213.

③ 赵辰，《立面的误会》，生活·读书·新知三联书店，北京，2007，P32.

④ 赖德霖，《中国近代建筑史研究》，清华大学出版社，北京，2007，p350.

⑤ 赖德霖，《中国近代建筑史研究》，清华大学出版社，北京，2007，p181

⑥ 李允鉌，《华夏意匠》，中国建筑工业出版社，北京，1985，p161-191.

⑦ 赵辰，《立面的误会》，生活·读书·新知三联书店，北京，2007，P96.

现代建筑史的书写与规训
——解读《我的建筑师：一位儿子的旅程》

听说纪录片《我的建筑师：一位儿子的旅程》(My Architect-A Son's Journey)在美国的发行和公演，激起了非常大的反响。它不仅吸引了众多一流平面媒体的热烈评论，那些并不具有建筑背景的普通观众也纷纷涌入电影院。在当年(2005年度)的奥斯卡金像奖的角逐中，《我的建筑师》也成为一部热门的纪录片，尽管没有最终获奖，但该片广泛的吸引力似乎远远超越了通常意义的纪录片。一部以建筑师为背景的纪录片能够在公众中激起如此的文化涟漪，于是，在令我们这些国内建筑业同行惊羡的同时，也油然生出许多疑问来。是影片本身的视听效果美轮美奂，还是影片的内容催人泪下？是路易斯·康的人格魅力吸引着观众，还是影片揭示的主题发人深思呢？

一

影片从一则不起眼的新闻报道拉开了序幕。1974年，路易斯·康从印度经历了24小时的飞行之后，因突发心脏病死于纽约的宾州车站的洗手间中，由于无法确认，尸体在停尸间放了三天。这一悲剧为路易斯·康传奇的一生添上了浓重的一笔。

为了了解像迷一样的父亲，路易斯·康的私生子纳撒尼尔·康(Nathaniel Kahn)踏上了对父亲著名建筑探寻的旅程。在对个人生活的介入、社会的认同反思以及对他的建筑创造有着重要影响的神秘人物的揭示中，向公众呈现出了一个真实的路易斯·康。

在旅程中，纳撒尼尔·康采访了Philip Joson、I. M. Pei等著名的建筑师和规划师，他们或是受到路易斯·康的影响，或是在竞标中败给了他，有的甚至是痛恨他的人，都与他始终保持着联系。特别是他的同事和情人——Anne Tyng和哈里特·帕蒂森(Harriet Pattison)，她们在路易斯·康与妻子维系着婚姻的同时，分别为他生下了孩子，纳撒尼尔·康就是哈里特·帕蒂森的儿子。无论是从美国到耶路撒冷，还是从伊朗到印度的孟买，在影片中对路易斯·康建筑诗史般的描述始终与一种个人秘密的考古学交织在一起，这种复杂的情感，使得肉身的父亲渐渐隐去，有血有肉的建筑成为了真正意义上的父亲，这种肉身与建筑之间的转换释放出一种巨大的思辨力量，促使观众去思考关于人性、创造以及两者之间扑朔迷离的关系。

实际上，纳撒尼尔·康的探寻之旅是一个经典的子女找寻父亲的故事，这在东西方许多经典的故事和小说中比比皆是。无父亲的孩子是文学著作中永恒主题和原型。在年幼时失去了父亲，然后开始去寻找父亲，儿子开启了一个自我发现的存在之旅。这种寻找变形为一种伟大的计划，即将痛苦的生活比作是父亲所塑造的空洞。在这个空间中，从心理上返回生命原点的艰巨任务不仅对母亲，而且对儿子自己来说，具有了一种救赎的意义，这种意义远远超过了对父亲本身的渴望。

二

在影片中，纳撒尼尔·康回忆到：从很小的时候就不相信父亲离去了，而且总是在人群中找寻他，当看到白头发的人转过街角，就会觉得是父亲。纳撒尼尔·康的这种欲望既不是要将其母亲帕蒂森（康在设计Kimbell 艺术博物馆时的景观建筑师）从对陈腐的宿命论的屈服中解救出来，也不是要从层积的记忆中重建父亲的形象。纳撒尼尔·康是带着自身羞辱的重负开始这部纪录片的，当然在他的找寻中，他保留着对他父亲个人生活和创造性之间矛盾特性的哲学探讨。影片中还穿插着由德国著名摄影家 Hans Namuth 和电影编辑 Paul Falkenberg 拍摄的关于路易斯·康的电影镜头，如漫不经心地环绕着行走，与学生瑜伽式的交谈，用炭笔画画等，这些首次公开的影像资料，为历史学家研究路易斯·康投下了一束新的光亮。

始于文森特·斯卡里（Vincent Scully），历史学家就将路易斯·康置于一种不可撼动的神化中，他肩负着改变现代主义建筑进程的弥撒亚式的使命。只是到了最近出版的《路易斯·康的适宜的现代主义》（Sarah Goldhagen，2001）以及路易斯·康与 Anne Tyng 的通信，才开始揭示出他的建筑的各种个人和社会文化的根源。随着《我的建筑师》的公映，人们必然会产生这样的疑惑：当了解了路易斯·康对婚姻的态度和有着多个家庭的状况后，是否会超越传统的理念而拓展对他的学术研究呢？当然，这种期望预示着一种潜在的危险，即个人的故事是一把双刃剑，它既可以却魅，同时也可能会放大其神秘的光环。

三

在《我的建筑师》的片尾，通过对孟买议会大厦细腻的拍摄，散发出一个儿子最终能够与父亲和解的静谧喜悦。纳撒尼尔·康刻意选择了通过一位孤独、早熟的孟加拉男孩困惑的眼睛去观看这座建筑，这个男孩的年龄正好与纳撒尼尔·康自己失去父亲时的年龄相仿，这一凝固的意象也成为该影片的宣传招贴和 DVD 的封套。在孟买议会大厦中，纳撒尼尔·康采访了当年与路易斯·康合作的建筑师达卡（Dhaka）和当地著名的教授 Shamsul Wares，他们传达出的则是与西方完全不同的道德和伦理观：个人的失败不应该遮蔽伟大艺术家天才的光芒，作为子女更没有必要计较父亲是否尽到了家庭的职责，而是要体会在更高的艺术或审美层面上的人文的东西。如果一个建筑通过其物质的呈现提供了创造者内心世界的痕迹，那么建筑批评就必须阐明和质疑那些不得要领的浅表的复杂性。尽管影片有着伤感主义和英雄崇拜的趋势，但它为建筑批评和历史书写的结构提供了新的内省。

对父亲的寻找与现代主义建筑的历史形成了同一的主题。寻找和救赎构成了这一主题的原型，无论是虚幻某种境域，还是唤醒逝去的人性，在早期现代建筑史学家的历史规则中，建筑大师成为一个父亲般的救世主形象。在父亲或救世主的监护下，现代乌托邦的凤凰鸟在功能紊乱的城市灰烬中诞生了。历史学家则常常扮演已故父亲的儿子的角色，在幻想着父亲来临的同时，将建筑的状态重新置于伊甸园中，从而书写新的城市和建筑文明。从吉迪翁到 Nikolaus Pevsner 以及 Tafuri，都是以历史时间为章节，用建筑描绘了一幅众多英雄人物来临的新时代图画，格罗皮乌斯、勒·柯布西耶、密斯和阿尔托。现代建筑历史的教规就在"父亲"式建筑师来临的基础上建构起来，并成为了一种合法性的历史话语。但这样一种被赋予性别的、看似合法性的儿子对父亲的叙述却在《我的建筑师》中遭遇了挑战。像 Tyng 和 Pattison 这样的女建筑师，不仅被拒斥在历史的叙述之外，即便是在历史叙述中带上一笔，那也仅仅被当作天才的反衬，而不是以一个建筑师自己的权力被描述。因为天才的代价，往往也由在其周围的人付出。

据此，我们不难看出影片有着福柯的影子。因为在《规训与惩罚》中，福柯明确地指出了：人也有一种知识形式，而且不仅仅是一种知识形式，他还是权力锻造的对象。这种知识受制于权力的规训，受制于规训权力的某种特定技艺，它是这种权力技艺造就的知识。现代建筑历史学家似乎深谙这种知识形式，他们用规训的一种方式——对建筑师的记录、书写、整理、存档、编码，对他们的各种文字描写就构成了关于建筑师的历史。因此，这些历史知识实际上是在一种规训中形成的，是为了更好、更牢靠地实施一种规训，正是在这种规训中，不仅生产出了伟大的建筑师，而且也生产出无数的建筑师后代。

因此，《我的建筑师》实际上还探究了现代主义大师和历史学家之间的历史，这种历史在原型式的寻父情节中显露出来，并且这种父与子之间的张力往往构成了一种历史书写的联盟。尽管影片充斥着伤感情绪，我们仍然可以清晰地辨析出《我的建筑师》对这种历史书写联盟的质疑和批判，它在很大程度上拆分了历史书写中的这种父与子的联盟，在对以大师为主导历史叙述的批判中，揭示了建筑大师的"真实"的创造过程。

  注：Hans Namuth 的人物摄影作品在许多艺术家、建筑师如 Jackson Pollock、Mark Rothko、格罗皮乌斯、密斯和赖特的神化中起到了关键的作用。

从"华南现象"迈向岭南学派

近十几年，在岭南涌现了一股很强的设计力量，即以华南理工大学建筑设计院为核心的设计团队（以下简称为"华南院"）。他们不仅先后设计了一批如南京大屠杀纪念馆扩建、奥运羽毛球馆和上海世博会中国馆等有着重要影响和高水准的作品，并且在大学校园规划和校园建筑设计、体育建筑、博览建筑等不同的建筑项目类型上，以数量上的绝对优势，使其影响迅速遍及全国。

这股力量的兴起以及引发的问题理应受到学术界的关注，但是当我们试图对其进行描述进而研究时，却发现很难找到一个词语或概念对其进行概括。我们或许可以称之为"华南现象"、"华南制造"或"新岭南建筑"，但这些概念似乎都只触其鳞爪而未及其整体神髓。例如"现象"，该词指代的是浮光掠影的浅表形式或意象，在时间上不会持久，而这股力量总令人感到其绵延之势；"华南制造"虽然能够表述批量性和品牌性，就像"中国制造"一样，但是"制造"总是和加工业联系在一起，而且更多的是替人加工，自己少有原创；当然，一提到华南，必定会涉及"岭南建筑"这一概念，尽管在学界已成共识，但"岭南建筑"不仅内涵狭窄，且地域性太强，而且今天，"华南院"的设计作品早已超越了地域局限而遍布全国了。另外"岭南建筑"所指向的主要是建筑本身，是结合特定的地域所呈现的空间形式，很少或根本没有涵盖其创作群体的思想、意识及其新的管理与运作模式。

既然准确地描述似乎勉为其难，我们不如暂且把对概念的寻找或界定放下，来看看这股力量到底具有哪些共同的特征。

一、"行动"与"效果"

实际上"华南院"并非清一色的广东本地人或华南理工自己的毕业生，许多都来自于其他院校，并且还占有相当的比例，但是一旦会聚到"华南院"这个团队中，很快就被感染、同化以至融为一体，并表现出较为一致的思想行为取向。具体表现在设计中即是不奢谈建筑理论，而把设计实践放在最重要的位置上；理念或观念是否有价值，完全取决于能否在设计竞标中取胜、能否把建造实施起来。因此，对于这个设计团队来说，一方面，无论是什么理论和观念，它是否真实有效，都在于它们在设计实践中是否能带来实际效果，因而强调的是具体的"行动"；

另一方面，在具体做的过程中，尽管会出现可能的观念纷争，但最终都消弭于对实际效果的追求中。

这种对"行动"与"效果"的强调实际上与广东人看待事物和处理事物的态度是一致的，或者就是广东人的处世哲学。大家都知道广东人不喜欢谈论过于抽象的东西，纯逻辑的、形而上的、玄虚的话题，勾不起广东人的任何兴致。新鲜的鸡肉、冰鲜鸡、急冻的鸡肉，广东人一吃到嘴里就能分辨一二，但他们从来都不会从文化禀赋的角度上去思考公鸡和母鸡存在的文化心理差异(公鸡每天只对着即出的太阳引吭，而母鸡只会对自己下的蛋咯咯嗒嗒，从文化心理的角度看，两者存在着截然不同的精神追求)。

如果把这种重实践而轻理论或者务实的和重效用的取向，提升到形而上的层面来分析，就不难看出广东人的知识观和真理观，即强调认识的目的不是去反映客观世界的本质和规律，而是认识这一行动的效果。"真理"则被归结为"有用"、"效用"或"行动的成功"，知识和理论则被看作只是对行为结果的假定总结，是为行动提供信念，因而"知识"最终被归结为"行动的工具"。并且，这种思想还体现出一种思与做的前后关系，广东人似乎永远都是先做起来，是否要思或如何思，那都是做完了之后的事。这种思想态度与邓小平倡导的白猫黑猫理论是如出一辙的，而这种处事和做事方式在"华南院"这个设计团队中得到了充分的体现，甚至逐渐演变成了这个团队的一种集体无意识。

二、技术理性与社会述求

当夏昌世、陈伯齐、谭天宋、胡罗飞、龙庆忠等一批早年留德留日学者齐聚华南之初，在教育、研究和设计中就一直倡导和奉行技术理性和分析的方法，夏昌世更是其中典型代表。从夏老在20世纪五六十年代所做的一些作品，如华南工学院图书馆改造中，我们能清楚地看出针对岭南亚热带气候条件，从整体布局和功能结构上打破中轴对称，关注具体使用的自由平面，从构造设计上提出的通风、遮阳和隔热的设计原则，这些无不体现出夏昌世不是简单地照搬现代主义的风格，而是将现代主义思想的基本立场、理念，如关注社会、关注当下建造条件等很好地与岭南地域的具体问题进行了对接，将自己对德国现代主义的理解以及现代主义的精髓在岭南这块异域的土地上进行了有机的结合。

作为夏昌世惟一嫡传弟子的何镜堂先生，不仅将这种现代主义的思想传承下来，而且在与更广泛的地域文化的结合中，进行了全新的探索和诠释。例如在对社会现实和社会需求的高度关注上，针国家对高教事业、文化事业和体育事业的大量投入，"华南院"依托高校的研究基础，设计出了一大批作品，不仅很快就占领了设计市场，而且还形成了所谓的典型范本。现在只要上网稍作检索，就会跳出一大堆"华南院"规划设计的高校校园，而这一两年则又转向了博物馆和体育馆。同时为了应对中国建筑高速发展建设的现实，基于高起点的研究基础上，适时地推出了许多基本功能单元模块，针对不同的地域、文化，根据不同规模和功能，快速地进行再组合，以适应大批量的设计和建造。

技术理性也决定了华南院创作的基本态度和风格上的基本特征，因此其作品中少有形体怪异或过多诉诸感性的作品。而且从创办之初，像夏昌世等教授就有自己的事务所，许多青年助教甚至高年级的学生都直接参与协助设计绘图，并形成了一种流传至今的传统。到今天，华南院将这种传统在管理模式上不断组织化和系统化，在运作模式上更加梯队化，在项目的针对性上更加专业化了。

三、走向"岭南学派"

如果说重"行动"和重"效果"是其思想哲学，技术理性是其方法论的追求，风格也必然会逐渐凸显和清晰起来。而且从开始之时，历经十多年至现在，仍然呈现泉涌和壮大之势，这岂不就是一个学派的出现所具备的条件吗？当然，学派有时并非是一个紧密的团体，如美国西海岸的圣莫尼卡学派即是一个松散的联盟，甚至有的被称为学派中的建筑师并不认同这种所谓的标签。但这股力量则是以"华南院"为基地，有着较为统一的行动哲学，在组织建构上非常紧密的团队。如果要用学派的概念来界定这股力量，我们不妨暂且从地域概念出发，把它称为"岭南学派"。

当然，"岭南学派"能否真正成为一个学派，有以下几点是需要重视的。首先，华南人自己要认可"岭南学派"的称谓。一个学派的涌现不要变成学术界贴标签式的一厢情愿，华南人自己要通过纵向上的历史梳理，通过与同一时期传入中国的现代主义的横向比较去反复地言说，要通过不断推出新作品以及对建成作品的系统理论分析去总结和强化学派的思想理论。第二，一个学派最有生命力的时候，是它不断生长和灿然成形的时候，如果"岭南学派"这个概念能够成立的话，我个人认为它正处于生长期，也就是说它处于最有生命力的时候。因此，要保持住这种生命力，就需要不断地充血，不断地强化其肌体的再造机能，要在较为统一的思想模式中注入异质的要素。比如在秉承分析方法和技术理性的基础上兼容更多元的思想方法和策略。第三，面对中国目前思想和主义纷杂、创造设计良莠不齐的现状，"岭南学派"的推出则有可能是关乎中国建筑兴盛的大事。从媒体、杂志以及整个建筑界的角度出发，我们希望华南人应该自觉地担当起这个"学派"大任，在岭南竖立起中国建筑的一个标杆。这不仅仅是为自己的实践立言著说，而是希望汇聚在一个学派的大旗下，为形成真正意义上的中国建筑而进行探索和努力。用一句时髦的文化用语来说，就是要在全球化的浪潮中确立中国建筑自己的文化身份。

当然，作为一个学派，必须有一个更高的信念和追求。"华南院"是一个存活于一所著名大学中的设计力量，教育以及对知识的追求仍然应该是这个设计团体不能丢弃的，甚至是最为根本的。当然在对教育和知识的追求中，所要强调的是专业知识是可以用来控制和改变中国城市和建筑现实的工具，应该对中国建筑的未来甚至是中国社会的未来保有忧患意识和责任意识。同时，作为一个学派还应该警惕"有用即是真理，无用即为谬误"的实用主义倾向，强调在具体的实践过程中，不断坚持必须恪守的客观原则或秩序，并上升为一种自觉的意识，从而投身到更大的建筑和社会空间的实践中去。